FORSCHUNGSBERICHTE
DES WIRTSCHAFTS- UND VERKEHRSMINISTERIUMS
NORDRHEIN-WESTFALEN

Herausgegeben von Staatssekretär Prof. Dr. h. c. Leo Brandt

Nr. 453

Forschungsinstitut der Feuerfest-Industrie, Bonn

Die Arbeiten
der technisch-wissenschaftlichen Kommission der PRE
(Vereinigung der europäischen Feuerfest-Industrie)

Als Manuskript gedruckt

Springer Fachmedien Wiesbaden GmbH

ISBN 978-3-663-03403-2   ISBN 978-3-663-04592-2 (eBook)
DOI 10.1007/978-3-663-04592-2

Forschungsberichte des Wirtschafts- und Verkehrsministeriums Nordrhein-Westfalen

Gliederung

1. Ziel der Untersuchungen . . . . S. 5
2. Versuchsplan . . . . S. 7
3. Bestimmung der Feuerfestigkeit . . . . S. 10
4. Druckfeuerbeständigkeit . . . . S. 22
5. Schlußfolgerungen . . . . S. 40

Forschungsberichte des Wirtschafts- und Verkehrsministeriums Nordrhein-Westfalen

Einleitung

Die PRE hat zu Ende des Jahres 1953 beschlossen, eine Technisch-Wissenschaftliche Kommission aufzustellen, deren Mitglieder sind:

Deutschland	Dr. KONOPICKY, Dr. KOHLBERG
Österreich	Dr. SKALLA, Ing. STELLWAG
Belgien	Ing. BOTTE, Herr LOWETTE, Herr THOMAS, Herr FOURNEAU
Frankreich	Prof. LETORT, Herr GAMOT, Frl. HALM, Herr LACROZE
Italien	Dr. MACOLA (Präsident), Dr. BIAGIOTTI, Dr. LICINI, Prof. SAVIOLI (Sektretär)
Niederlande	Ing. KOOIJ, Dr. MAUSER, Ing. van GIJN
Skandinavien	Herr FREDHOLM, Herr NORIN
Schweiz	Dr. ESENWEIN, Ing. ITSCHNER

Diese Kommission hat sich zum Ziele gesetzt, durch gemeinschaftliche Arbeit zur technischen Entwicklung der feuerfesten Baustoffe innerhalb der Länder der PRE beizutragen. Bei der großen technischen und wirtschaftlichen Bedeutung, die einer einheitlichen Beurteilung der Rohstoffe und der feuerfesten Erzeugnisse zukommt, wurde vorerst mit systematischen Studien über die in den einzelnen europäischen Ländern üblichen bzw. genormten Prüfungen an feuerfesten Baustoffen begonnen.

1. Ziel der Untersuchungen

Die Studien hatten zum Ziel:

1. Untersuchung der Gründe für die unterschiedlichen Werte nach den jeweiligen Normen und zwischen verschiedenen Laboratorien.

2. Festlegung der Maßnahmen, um diese Differenzen zu vermindern.

3. Vorschlag von Prüfmethoden, welche die Mitglieder der PRE den nationalen Normenausschüssen empfehlen sollten, um so internationalen Normen den Weg zu ebnen.

Jede Delegation übernahm die Federführung bei der Bearbeitung bestimmter Probleme, und zwar

Deutschland	Klassifikation, chemische Analyse, Feuchtigkeit, bleibende Längenänderung.
Belgien	Gasdurchlässigkeit, Temperaturwechselbeständigkeit.

Frankreich	Definition, Druckfeuerbeständigkeit, Wärmeleitfähigkeit.
Italien	Probenahme, Segerkegel-Fallpunkt.
Niederlande	Spezifisches Gewicht, Raumgewicht.
Skandinavien	Reversible Ausdehnung.
Schweiz	Kaltdruckfestigkeit, Biegefestigkeit, Abriebfestigkeit.

1.2 Reihenfolge der Arbeiten

Die Kommission kam überein, zuerst die Definitionen im Rahmen des ISO-Vorschlages zu überprüfen sowie mit dem Studium der Feuerfestigkeit und der Druckfeuerbeständigkeit zu beginnen. Anschließend sollte das Studium der bibliographischen Klassifikation und der chemischen Analyse erfolgen, während die Temperaturwechselbeständigkeitsprüfung wegen der noch bestehenden Unklarheit in den theoretischen Voraussetzungen und der unbefriedigten Übereinstimmung mit den Ergebnissen der Praxis zuletzt untersucht werden sollte.

1.21 Probenaustausch

Für die Durchführung der Versuche zur Feuerfestigkeit und Druckfeuerbeständigkeit wurden Proben ausgetauscht, welche aus mit der größten Sorgfalt hergestellten feuerfesten sog. "Standard"-Steinen stammten. Diese Steine sollten in ihren charakteristischen Eigenschaften tunlichst homogen sein, so daß Unterschiede in den Versuchsergebnissen der Untersuchungsmethode und nicht der Ungleichförmigkeit der Probe zugeschrieben werden könnten. Diese feuerfesten "Standard" - Steine wurden in Deutschland, Österreich, Belgien, Frankreich und Italien hergestellt. Jede Delegation hat zur Durchführung der Versuche zur Feuerfestigkeit und zur Druckfeuerbeständigkeit gemäß dem vorher vereinbarten Programm eine genügende Anzahl dieser feuerfesten "Standard" - Steine erhalten.

1.22 Bestimmung der Feuerfestigkeit

Die Kommission kam auf Grund der Versuchsreihen überein, eine gemeinsame Prüfmethode für die Länder der PRE auszuarbeiten (der Text der Versuchsmethode wird im Anhang mitgeteilt). Es war ein einheitlicher Wunsch, die Arbeiten ehestens zu veröffentlichen, um eine Billigung durch die Normenausschüsse der einzelnen Länder zu erhalten und so rasch die Möglichkeit zu schaffen, daß eine einheitliche Prüfmethode zur Bestimmung der Feuerfestigkeit innerhalb der PRE-Länder angewendet werden kann.

1.23 Bestimmung der Druckfeuerbeständigkeit

Der weitgehende Abschluß dieser Arbeiten ermöglichte es, eine provisorische Prüfmethode auszuarbeiten, welche in allen Ländern der PRE angewendet werden könnte; ferner Hinweise für die Verbesserung der derzeit bestehenden Öfen für die Druckfeuerbeständigkeitsversuche. Obwohl die Versuche nach den verschiedenen Vorschriften deutliche Unterschiede ergaben, zeigte die statistische Auswertung, daß in einigen Fällen ein nicht genügend großer Bestimmtheitsgrad erreicht wurde, so daß ergänzende Versuchsreihen notwendig waren.

1.3 Gegenstand der Mitteilung

In der vorliegenden Mitteilung wird berichtet: Der Versuchsplan und die statistischen Prinzipien, welche bei der Aufstellung dieses Planes und der Auswertung der Ergebnisse angewandt wurden; die Maßnahmen bei der Herstellung der Standardsteine; die durchgeführten Versuche zur Bestimmung der Feuerfestigkeit und der Druckfeuerbeständigkeit.

2. Versuchsplan

2.1 Ziel des Planes

Obwohl die Bestimmungen der Feuerfestigkeit und der Druckfeuerbeständigkeit in den verschiedenen Ländern, welche der PRE angehören, prinzipiell auf den gleichen Methoden beruhen, sind sie leider nicht gleichartig genormt. Durch die vergleichenden Versuche sollte abgeklärt werden, welche unterschiedlichen Maßnahmen von Einfluß oder ohne Bedeutung für die Ergebnisse sind.

Die statistische Auswertung der Versuchsergebnisse kann nach den folgenden Verfahren durchgeführt werden:

1. Maximum an Zufälligkeit,
2. Maximum an Gleichartigkeit.

Im ersten Fall wird eine Große Zahl von Einheiten eines Erzeugnisses unterschiedlicher Qualität untersucht und die Ergebnisse der verschiedenen

Laboratorien nach der Korrelationsmethode verglichen. Man erhält allgemeingültige Aussagen, doch müssen zahlreiche Versuche durchgeführt werden.

Im zweiten Fall werden die Versuche an möglichst homogenen Erzeugnissen durchgeführt, und das Versuchsprogramm wird genauestens festgelegt. Die Ergebnisse werden in einer Varianzanalyse verglichen. Diese Methode gibt, anders als die erstangeführte, genaue Aussagen schon mit einer geringen Anzahl von Versuchen, doch sind die Schlüsse weniger allgemeingültig.

Durch die große Zahl der teilnehmenden Länder und Laboratorien konnten genügend Versuchsergebnisse erhalten werden, ohne die einzelnen Laboratorien zu sehr zu belasten.

Der gewählte Plan war eine Mischung der beiden angeführten Methoden, so daß man während der Versuchsdurchführung beurteilen konnte, ob die Versuche vervollständigt werden mußten oder die vorliegenden Ergebnisse schon Schlußfolgerungen zuließen.

2.2 Der Versuchsplan

2.21 Schema

Die Ergebnisse zur Feuerfestigkeit und zur Druckfeuerbeständigkeit werden beeinflußt vom Erzeugnis, der Versuchsdurchführung und der Versuchsapparatur.

Es wurde bei der ersten Versuchsreihe vereinbart, daß man das Prinzip der Gleichartigkeit bei der Untersuchung der Erzeugnisse (Standardsteinen) und bei der Versuchsdurchführung (festgelegter gleicher Plan für jedes Laboratorium), hingegen das Prinzip des reinen Zufalls für die Verwendeten Prüfapparaturen anwendet.

2.22 Probenahme

Es wurden folgende Standardsteine hergestellt:

<u>Silikasteine</u> von der deutschen Delegation, <u>Quarzschamottesteine</u> von der belgischen Delegation, <u>Schamottesteine mit 25-30 % Al_2O_3</u> (plastisch gepreßt) von der italienischen Delegation, <u>Schamottesteine mit 42-44 % Al_2O_3</u> (hergestellt im Trockenpreßverfahren) von der französischen Delegation, <u>Magnesitsteine</u> von der österreichischen Delegation.

2.23 Versuchsplan zur Feuerfestigkeits-(SK) Bestimmung

Die wichtigsten Einflußgrößen in diesem Versuch sind:

Herstellungsart (geschnittene oder geformte Segerkegel), Ofenatmosphäre, vorgeschriebene Versuchsbedingungen. Mit Hilfe der Varianzanalyse wurde der Einfluß der Herstellungsart auf die Ergebnisse ermittelt, während der Einfluß der Ofenatmosphäre durch eine Versuchsreihe an einem eisenreichen Ton bestimmt wurde. Beim Studium des Einflusses der Prüfbedingungen auf die Ergebnisse muß zwischen Wiederholbarkeit (Streuung der Ergebnisse im gleichen Laboratorium) und Reproduzierbarkeit (Streuung der Ergebnisse von verschiedenen Laboratorien) unterschieden werden.

2.24 Versuchsplan zur DFB-Prüfung

Die wichtigsten Einflußgrößen bei der DFB-Prüfung sind:

Aufheizgeschwindigkeit; Probekörperdurchmesser. Zwei verschiedene Aufheizgeschwindigkeiten und Prüfkörperdurchmesser wurden gewählt: $4°$/min., entsprechend der Norm AFNOR und $8°$/min., entsprechend der DIN-Norm sowie 50 mm Durchmesser nach der DIN-Norm und 34 mm Durchmesser nach der Norm AFNOR, was zu den folgenden Kombinationen führt: $4°$/min. und 50 mm Durchmesser; $4°$/min. und 34 mm Durchmesser; $8°$/min. und 50 mm Durchmesser und $8°$/min. und 34 mm Durchmesser.

Jede Versuchsreihe wurde in den einzelnen Laboratorien jeweils an drei Prüfkörpern durchgeführt. Die erwähnte Kombination ergibt bei der Auswertung 2 x 6 Versuche mit zwei verschiedenen Durchmessern und 2 x 6 Versuche mit verschiedenen Aufheizgeschwindigkeiten, so daß die statistische Aussagemöglichkeit das Gewicht der doppelten Anzahl der ausgeführten Versuche hat. Im Verlauf der weiteren Arbeiten führte jedes Laboratorium 20 Versuche nach jeder der vier Kombinationen an Probekörpern aus 20 Standardsteinen derselben Qualität durch. Die vier geprüften Qualitäten waren: Silika, Magnesit, Schamotte mit 25-30 % Al_2O_3, Schamotte mit 42-44 % Al_2O_3.

Das Ziel dieser Untersuchungen war die Ermittlung der Streuungen in den Ergebnissen der vier verschiedenen Methoden. Für jede Versuchsreihe wurden deshalb die Standardabweichungen berechnet und dieses mittels der Formel

$$\frac{\sigma_2^2}{\sigma_1^2} = F$$

verglichen. Im Falle von 20 Versuchen ist die Abweichung bei $F \geqq 2,16$ halbgesichert (95 % Wahrscheinlichkeit) und bei $F \geqq 3,03$ gesichert (99 % Wahrscheinlichkeit).

2.3 Homogenitätskontrolle der Standardsteine

Die Standardsteine wurden nicht der Produktion entnommen, wohl aber im technischen Maßstab hergestellt, wobei durch sorgfältige Kontrolle die größtmögliche Gleichmäßigkeit angestrebt wurde. Parallel zur Kopfseite der Normalsteine wurden Quader von ca. 30 mm Dicke abgeschnitten und an einer wahllos herausgegriffenen Anzahl die Porosität und die Feuerfestigkeit bestimmt. Die Streuung dieser Prüfungen wurde untersucht. Im Falle zu großer Abweichungen oder Unregelmäßigkeiten wurde die gesamte Gruppe verworfen und neue Standardsteine hergestellt.

Tabelle 1 zeigt die Versuchsergebnisse zur Porosität und zur Feuerfestigkeit der Standardsteine der ersten Versuchsreihe. Als Maß für die Gleichmäßigkeit wurde auch die KDF der plastisch geformten Steine mit 25-30 % Al_2O_3 und 42-44 % Al_2O_3 bestimmt.

Tabelle 2a zeigt die Ergebnisse an Standardsteinen der ersten Versuchsreihe. Für die Schamottsteine mit 25-30 % Al_2O_3 wird die "Kontrollkarte" über die Gesamtporosität und die KDF angeführt, um zu zeigen, wie hoch die erzielte Homogenität bei diesen Erzeugnissen war.

In der Tabelle 2b werden die Ergebnisse der Homogenitätskontrolle an den Steinen der zweiten Versuchsreihe angeführt.

3. Bestimmung der Feuerfestigkeit

3.1 Versuche an Standardsteinen

3.11 Herstellung der Probekörper

Es wurden aus den Standardsteinen an den in Abbildung 1 angegebenen Stellen 2 Segerkegel herausgeschnitten (so daß insgesamt 6 Kegel von jedem Laboratorium geprüft wurden). Weiter wurden nach dem Herausschneiden aller Probekörper für die anderen Versuche der verbleibende Rest bis auf eine Korngröße unter 0,25 mm zerkleinert und aus dem so erhaltenem Pulver wenigstens 2 Segerkegel angefertigt.

Forschungsberichte des Wirtschafts- und Verkehrsministeriums Nordrhein-Westfalen

Tabelle 1

Homogenitätskontrolle - Porosität und Feuerfestigkeit

Nr.	Silika		Quarzschamotte		Schamotte 25-30 % Al_2O_3		Schamotte 42-44 % Al_2O_3	
	Poros.	Feuer-festigkeit	Poros.	Feuer-festigkeit	Porosität	Porosität	Porosität	Feuer-festigkeit
1	16,8	33/34	22,10	28-29	32,25	31,75	20,45	34
2	16,4	34	21,65	28-29	32,25	31,80	20,05	34
3	16,4	33/34	22,15	28-29	32,20	32,25	20,30	34
4	16,4	33/34	21,65	28-29	32,00	31,65	20,15	34
5	16,4	33	22,10	28-29	32,20	32,30	20,35	34
6	16,4	33/34	22,10	28-29	32,20	32,05	20,65	34
7			-		32,35	32,20	19,95	34
8			-		32,00	32,35	20,60	34
9			-		31,90	32,35	20,60	34
10			-		31,70	31,90	-	
11			-		31,90	32,05	-	
12			-		32,40	31,95	-	
13			-		32,30	32,25	-	
14			-		32,20		-	

Forschungsberichte des Wirtschafts- und Verkehrsministeriums Nordrhein-Westfalen

T a b e l l e 2a

Kaltdruckfestigkeit - Standardsteine der ersten Versuchsreihe

	25/30 % Al_2O_3		42/44 % Al_2O_3			
355	344	365				
436	383	409	308	318	328	328
376	364	364	304	320	328	336
355	344	382	296	296	300	322
361	346	353	279	304	308	312
376	349	403	248	250	268	280
382	378	389	269	296	308	310
351	362	376	283	291	304	332
391	371	364	273	302	302	302
336	352	344	250	265	269	381

Forschungsberichte des Wirtschafts- und Verkehrsministeriums Nordrhein-Westfalen

T a b e l l e 2b

Homogenitätskontrolle der Standardsteine der zweiten Versuchsreihe

Deutschland Porosität	Österreich Raumgewicht	Frankreich Porosität				Italien Porosität
16,60	2,93	13,05	13,60	13,30	13,60	12,96	13,36	25,14
16,30	2,93	13,15	13,70	13,15	13,30	12,95	13,15	25,24
17,00	2,91	13,05	13,40	12,95	13,20	13,75	13,50	24,41
16,30	2,92	13,15	13,75	12,95	13,45	13,45	13,25	24,41
16,80	2,90	13,50	13,65	13,25	13,30	13,45	13,26	23,96
	2,90	13,10	13,05	13,55	13,15	13,40	13,15	25,22
	2,92	13,20	13,70	13,60	13,45	13,70	13,40	24,46
	2,91	13,60	13,55	12,65	13,55	13,15	13,00	24,75
	2,90	13,25	13,15	12,90	13,20	12,95	13,05	24,45
	2,90	13,65	13,30	13,20	13,35	13,35	13,40	25,31
	2,92							

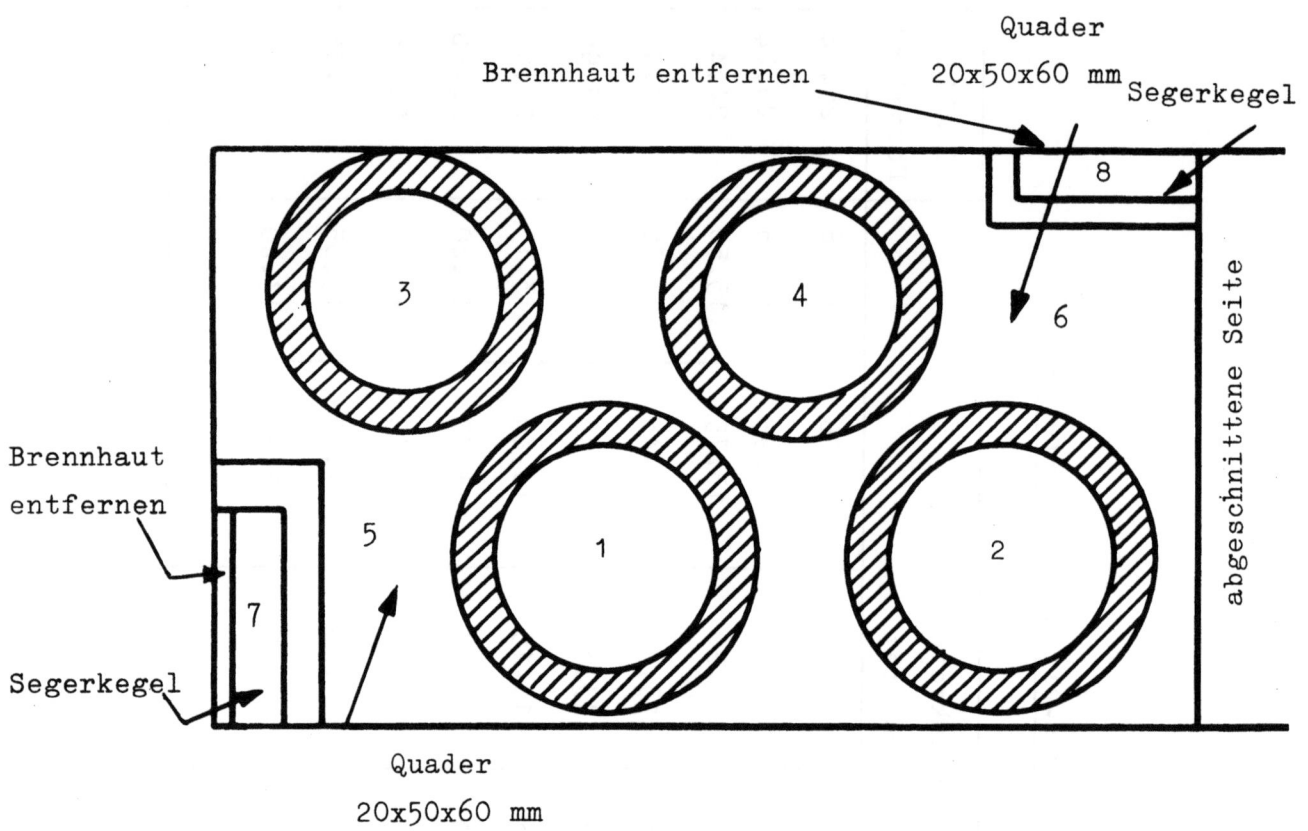

Abbildung 1
Skizze der Probenahme

3.12 Durchführung der Versuche

Die 6 geschnittenen sowie die beiden geformten Kegel wurden nach zufälliger Wahl in 2 Gruppen geteilt. Die drei geschnittenen Segerkegel und der geformte Segerkegel der ersten Gruppe wurden nach der Norm des jeweiligen Landes, die der zweiten Gruppe nach der vorläufigen Methode PRE untersucht: Öfen mit oxydierender Atmosphäre - Neigung der Segerkegel 7-10° gegen die Senkrechte. Einbettungstiefe in die Unterlage 2 mm - Aufheizgeschwindigkeit oberhalb 1400° von durchschnittlich 4°/min., tunlichst mit einer Streuung von ± 1°/min.

Im Falle von Unregelmäßigkeiten wurden weitere Versuche mit Probekörpern aus dem gleichen Stein durchgeführt. Von jedem Laboratorium wurden die numerischen Ergebnisse, eine Zeichnung des verwendeten Ofens und eine Photographie der Versuchsapparatur zur Verfügung gestellt. Die Versuche wurden in einzelnen Ländern nur von einem Labor, in den meisten Ländern aber von mehreren Laboratorien durchgeführt.

Segerkeg[el]

			Deutschland				Belgien		Frankreich		
			Labor A		Labor B				Labor A		Lab
			Probe-Nr.	Feuer-festigk.	Probe-Nr.	Feuer-festigk.	Probe-Nr.	Feuer-festigk.	Probe-Nr.	Feuer-festigk.	Probe-Nr.
Silika	Norm PRE	geschnitten		1730		1730	15-7 30-8 30-7	1760 1740 1760	45-8	1720	11-8
		geformt					-	1740	11	-	26
	Landes Norm	geschnitten	10 17 39	1730 1740 1730	10 17 39	1730 1740 1750	3-8 3-7 15-8	1760 1740 1740	45-7	1720	11-7
		geformt					-	1730	11	1690	26
Quarz-Schamotte	Norm PRE	geschnitten	-	1620			D4-7 D5-8 D6-7	1595 1630 1610	D7-8	1610	D8-8
		geformt					-	1595	D7		D8
	Landes-Norm	geschnitten	-	1620	-	1610	D4-8 D5-7 D6-8	1610 1620 1595	D7-7	1610	D8-7
		geformt					-	1595	D7	1580	D8
Schamotte 25-30 Al$_2$O$_3$	Norm PRE	geschnitten							24-8	1670 1690	50-8
		geformt							5		50
	Landes-Norm	geschnitten		1680 1680 1680		1690 1690 1690			24-7	1670 1690	50-7
		geformt							24	1670 1690	50
Schamotte 42-44 Al$_2$O$_3$	Norm PRE	geschnitten		1750				1740 1750 1750	28-8	1770	35-8
		geformt						1740	27		28
	Landes-Norm	geschnitten	53 56	1760 1760	53 56	1760 1760		1740 1740 1750	28-7	1770	35-7
		geformt						1730	27	1770	28
Angewandte Norm			DIN 1063		DIN 1063		DIN 1063		AFNOR-NFB 49-102		AFNOR 49-
Ofenatmosphäre			reduzierend		reduzierend		leicht reduzierend		stadtgasbeheizter Ofen		stadtg heizte
Stellung der Probekegel			-		-		-		-		-
Temperaturanstieg °C/min.			8		8		3°C∓1;1580		4°C ± 1		4°C
ab °C			-		-		1430 -1580		1580		158
Verwendete Prüfkegel			Seger		Seger		Seger		Rhône-Poulenc		Rhone-

Tabelle 3

an den Standartsteinen PRE

Labor C		Holland		Schweiz		Italien		Schweden		
Probe-Nr.	Feuer-festigk.	Probe-Nr.	Feuer-festigk.	Probe-Nr.	Feuer-festigk.	Probe-Nr.	Feuer-festigk.	Probe-Nr.	Feuer-festigk.	
26-8	1740	4-7	1710	6	1730					
		4-8	1710	6	1730					
		19-8	1710	27	1730					
45	-	-	1690							
26-7	1730	19-7	1740	6	1730	22-7	1750	8-8	1740	
	1720	38-8	1740	6	1730	41-7	1740	23-8	1735	
		38-7	1740	27	1730	7-8	1750	42-8	1735	
45	1710	-	1710			-	1740		1720	
D9-8	1620	D12-8	1615	19	1610					
	1610	D10-7	1615	19	1620					
		D10-8	1615	20	1630					
D9		-	1595							
D9-7	1620	D11-7	1610	19	1610	D14-8	1660	D16	1595	
	1595	D11-8	1610		1630	D13-7	1650	D17	1600	
		D12-7	1610	20	1610	D15-8	1630	D18	1595	
D9	1610	-	1610				1650		1590	
43-8	1690	61-7	1700	3	1730					
	1690	47-8	1690	3	1730					
		47-7	1690	3	1730					
43	1690 1690		1685							
43-7	1690	45-7	1690			32	1710	10	1690	
	1690	61-8	1700			31-32	1700	18	1685	
		45-8	1695			32	1710	48	1690	
						32	1710			
43	1690 1690 1690		1680			31-32 31,31, 32	1710 1710 1710	1690 1690	1650 1655 1650	
27-8	1750	20-8	1750	30	1760				77	
	1750	21-8	1750	30	1770					
		27-7	1750	51	1760					
35		-	1745							
27-7	1750	20-7	1755	30	1750	33-7	1750	23	1760	
		21-7	1755	30	1750	46-8	1750	24	1765	
		22-8	1755	51	1750	46-7	1750	34	1760	
35	1740	-	1750				1750		1760	
FNOR-NFB 49-102		N 412		DIN 1063		UNICERAB		DIN		
uzierend		oxydierend		oxydierend		reduzierend		reduzierend		
				Korundplättchen				nach der Norm		
°C ± 1		3°C ± 1		4°C ± 1		7 - 10°		20°C		
1580		1580		1200		4°C ± 1		200-300° C		
ne-Poulenc		PRE		Optisches Pyrometer S & H		Seger				

Forschungsberichte des Wirtschafts- und Verkehrsministeriums Nordrhein-Westfalen

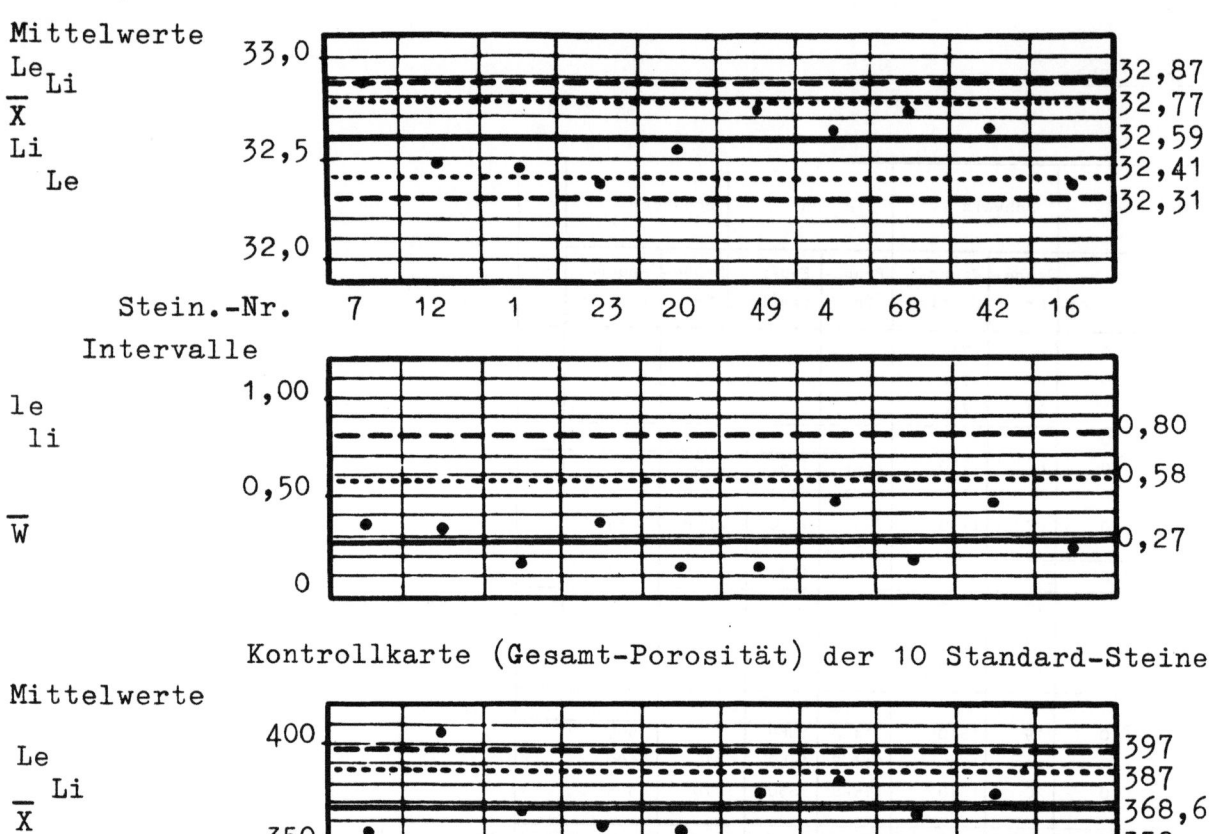

Kontrollkarte (Gesamt-Porosität) der 10 Standard-Steine

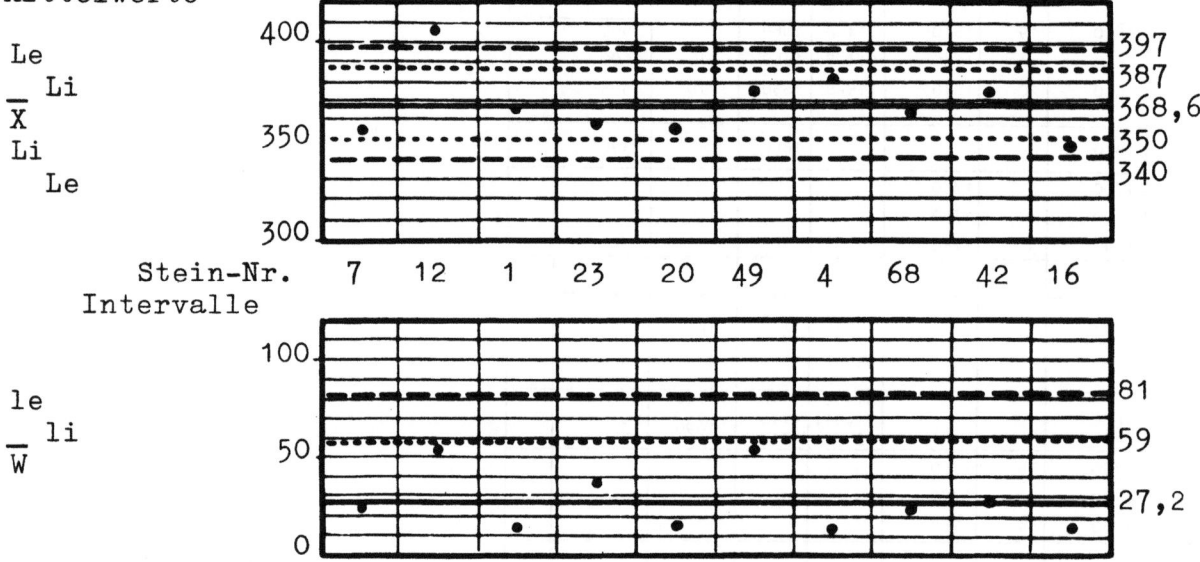

Kontrollkarte (Kaltdruckfestigkeit in kg/cm^2) der 10 Standard-Steine

Abbildung 2

3.13 Ergebnisse

3.131 Rekapitulation

Das Ziel der Untersuchungen war, die Unterschiede zwischen den Ergebnissen in mehreren Laboratorien unter Anwendung verschiedener Versuchsbedingungen kennenzulernen. Tabelle 3 bringt die Gesamtheit der Ergebnisse; Einzelvergleiche wurden im folgenden gebracht.

Tabelle 4
Varianzanalyse für die Feuerfestigkeitsbestimmung

Steine	Unterschied zwischen geschnittenen und geformten Probekegeln °C	Sicherheitsgrad
Silika	18	xxx
Quarz-Schamotte	16	xxx
42/44 % Al_2O_3	9	xxx
gesamt	14	xxx

xxx = sehr gesichert = 99,9 % Sicherheit

Tabelle 5
Reproduzierbarkeit der Feuerfestigkeits (SK-) Bestimmung nach der PRE - Norm

Steine	Mittelwert $\bar{x}$	Standardsabweichung σ	Abweichung vom Mittelwert $\bar{\sigma}$
Silika	1734	15	0,9
Quarz-Schamotte	1617	13	0,8
42/44 % Al_2O_3	1758	12	0,7

Tabelle 6
Genauigkeit der Ergebnisse zwischen verschiedenen Laboratorien

Steine		Belgien B	Niederlande P	Schweiz S	gesamt	Wiederholbarkeitsmittel	Sicherheitsgrad der Unterschiede zwischen verschiedenen Laboratorien BP BS PS
Silika	$\bar{x}$ σ	1753 13	1710 0	1730 0	1731 19	7	xxx xx xxx
Quarz-Schamotte	$\bar{x}$ σ	1612	1615	1620	1616	11	nicht nicht nicht
42/44 % Al_2O_3	$\bar{x}$ σ	1747 6	1750 0	1767 7	1753 8	5	nicht nicht nicht

xxx = sehr gesichert = 99,9 % Sicherheit
xx = gesichert   = 99   % Sicherheit
nicht = nicht gesichert

3.132 Vergleich zwischen geschnittenen und geformten Segerkegeln

Es wurden die an einzelnen Steinen mit dem geformten und einem der drei geschnittenen Segerkegel erzielten Ergebnisse miteinander verglichen. Die Varianzanalyse wurde getrennt sowohl für jede einzelne Steinqualität als auch für alle Qualitäten zusammen durchgeführt. Die Ergebnisse sind in Tabelle 4 zusammengestellt. Die statistischen Berechnungen zeigten, daß die Unterschiede der Prüfwerte an geschnittenen und geformten Segerkegeln als kennzeichnend anzusehen sind; sie betragen etwa 1/2 SK für Schamottesteine und etwa 1 SK für Steine mit hohem Gehalt an freier Kieselsäure.

3.133 Genauigkeit der Feuerfestigkeitsbestimmung nach der vorläufigen PRE-Methode

Die Genauigkeit der einzelnen Ergebnisse wurden an drei verschiedenen Qualitäten feuerfester Steine mit dem PRE-Vorschlag verglichen. In Tabelle 5 sind außer der Feuerfestigkeit (in °C) auch die Standardabweichung und die Abweichung vom Mittelwert angeführt. Um die Genauigkeit der Ergebnisse verschiedener Laboratorien zu prüfen, war es notwendig, wenigstens drei Versuche an demselben Stein in ein und demselben Laboratorium und nach der gleichen Methode durchzuführen. Nur die mit der vorläufigen PRE-Methode erzielten Werte konnten hierfür verwendet werden. Leider konnten auch jene Ergebnisse, die aus mehreren Laboratorien eines Landes stammten, für die Auswertung nicht herangezogen werden. Tabelle 6 zeigt die Zusammenstellung der durchgeführten statistischen Berechnungen. Sie zeigt Wiederholbarkeit, Reproduzierbarkeit und den Wahrscheinlichkeitsgrad in den Unterschieden zwischen den einzelnen Laboratorien.

3.14 Schlußfolgerungen

3.141

Es ist empfehlenswert, geschnittene Segerkegel anstatt geformter Segerkegel zu verwenden.

3.142

Die vorläufige PRE-Methode ist im Hinblick auf Reproduzierbarkeit und Wiederholbarkeit befriedigend. Bei der Beurteilung der Ergebnisse ist zu berücksichtigen, daß die verwendeten Öfen sich in ihrer Atmosphäre (schwach reduzierend bis oxydierend) wesentlich unterschieden.

Forschungsberichte des Wirtschafts- und Verkehrsministeriums Nordrhein-Westfalen

T a b e l l e 7

Feuerfestigkeits (SK-) Bestimmung im Tamman - Ofen

	Quarzschamotte	42/44 Al_2O_3	25/30 Al_2O_3	Silika
Nach DIN 1063 Temperaturanstieg 8° C/min. kalter Ofen	20/26	34	30/31	32/33
Nach DIN 1063 Temperaturanstieg 8° C/min. heißer Ofen (1100° C)	20/26	34	30/31	32/33
Temperaturanstieg 4° C/min. kalter Ofen	26	34	30/31	A_{33} B_{33}
Temperaturanstieg 4° C/min. heißer Ofen (1100°C)	26	34	30/31	33
Im normalen SK-Ofen	27/28	34/35	--	33
Im Kohle-Grieß-Ofen	27	34/35	--	33/34

Forschungsberichte des Wirtschafts- und Verkehrsministeriums Nordrhein-Westfalen

T a b e l l e 8

Feuerfestigkeits (SK-) Bestimmung an einem stark-eisenhaltigen Ton

Land	Labor	Ofenatmosphäre	1. Versuch SK	1. Versuch °C	2. Versuch SK	2. Versuch °C	3. Versuch SK	3. Versuch °C	4. Versuch SK	4. Versuch °C
Frankreich	A[1])	Stadtgas	26/27	1580 1610	26/27	1580 1610	26/27	1580 1610	--	--
	B[1])	Stadtgas	26/27	1580 1610	26/27	1580 1610	26/27	1580 1610	26/27	1580 1610
	C	Elektrischer Kohlegrießofen reduzierende Atmosphäre	26	1580	26	1580	26	1580	26/27	1580
		Koksofengas	27	1610	26/27	1580 1610	26/27	1580 1610	27	1610
	D	Propangas	26	1570 1580	26	1580	26	1580	--	--
Italien		Leichtreduzierende Atmosphäre	27 27	1610 1610	26 28	1580 1638	26	1580		
Deutschland			20/26	1530 1580						

1. Die Laboratorien A und B benutzen Öfen mit sich drehenden Unterstempeln.
2. Die verwandten Prüfkegel waren Rhône-Poulenc-Kegel.
3. Der verwandte Ofen war der des Tonindustrielabors. Der Temperaturanstieg war im ersten Fall 5 min., im 2. Fall 8 min. pro Segerkegelfallpunkt.

Forschungsberichte des Wirtschafts- und Verkehrsministeriums Nordrhein-Westfalen

3.2 Ergänzende Versuche

3.21 Einfluß der Ofenatmosphäre

Eine besondere Versuchsreihe wurde durchgeführt, um den Einfluß der Ofenatmosphäre festzustellen; auch ein Tamann-Ofen wurde bei dieser Reihe verwendet. Aus der Tabelle 7 sind die erzielten Ergebnisse ersichtlich, welche auch den Einfluß einer stark reduzierenden Ofenatmosphäre besonders auf die Werte für Silika- oder Quarzschamotteerzeugnisse zeigen.

3.22 Versuche an eisenhaltigem Ton

Es sollte auch ermittelt werden, ob die in den verschiedenen Laboratorien gefundenen Unterschiede in den Werten für die Feuerfestigkeit der Standardsteine ebenso gering sind, wenn es sich um ein Material mit hohem Eisenoxydgehalt handelt. Die Versuche wurden an einem eisenhaltigen Ton der folgenden Zusammensetzung durchgeführt:

Glühverlust	9,43 %
SiO_2	55,85 %
Al_2O_3	24,72 %
TiO_2	1,13 %
Fe_2O_3	7.30 %
CaO	0,41 %
MgO	0,18 %
K_2O	0,31 %
Na_2O	0,42 %

Die Ergebnisse sind in Tabelle 8 wiedergegeben. Selbst im Falle eines stark eisenhaltigen Stoffes wird die Feuerfestigkeit üblicherweise nicht erheblich durch die Ofenatmosphäre beeinflußt, es sei denn, daß es sich um eine stark reduzierende Ofenatmosphäre handelt, wie z.B. im Tamann-Ofen.

3.23 Vergleichsversuch zwischen den Prüfkegeln verschiedener Herstellung

Da die Feuerfestigkeitsversuche an den Standardsteinen in Frankreich mit Kegeln französischer Herkunft bestimmt wurden, erschien es zweckmäßig, daß die drei französischen Labors, welche diese Versuche durchführten, den Kegelfallpunkt der deutschen Kegel mit dem der französischen Kegel verglichen. Die Ergebnisse zeigt Tabelle 9. Angegeben wird der Zustand der französischen Kegel im Augenblick des Fallpunktes der deutschen Kegel.

Forschungsberichte des Wirtschafts- und Verkehrsministeriums Nordrhein-Westfalen

Hinweis: Die Fallpunkttemperatur der französischen Kegel ist mit einem + - oder -Zeichen versehen, wenn sie höher oder niedriger als jene der entsprechenden deutschen Kegel ist. Das +- oder - Zeichen ist mit einem numerischen Index versehen, welcher die Spanne zwischen den Fallpunkten in Kegelwerten angibt. Obwohl einige Unterschiede festzustellen sind, welche eine weitere Untersuchung wünschenswert erscheinen lassen, kann man für die Gesamtheit der Versuche sagen, daß sich die Ergebnisse innerhalb der für die Feuerfestigkeitsbestimmung üblichen Grenze halten.

3.3 Entwurf der PRE-Methode zur Bestimmung der Feuerfestigkeit

Auf Grund der Ergebnisse der vorliegenden Versuche wurde folgender Vorschlag zur Bestimmung der Feuerfestigkeit entworfen. (Anlage)

4. Druckfeuerbeständigkeit

4.1 Frühere Untersuchungen

Die Ergebnisse einer ersten Versuchsreihe zeigt Tabelle 10.

4.11 Studium der Einflußfaktoren

Die Versuche hatten den Zweck, den Einfluß der Prüfkörpergröße und der Aufheizgeschwindigkeit auf die Ergebnisse abzugrenzen.

Es ist bekannt und schon oft durch Versuche festgestellt worden, daß das Temperaturgefälle zwischen dem Kern und der Oberfläche eines Probekörpers je nach der verwendeten Norm verschieden ist. Bei gleicher Oberflächentemperatur ist die Temperatur im Kern um so niedriger, je größer der Durchmesser der Probekörper und je größer die Aufheizgeschwindigkeit ist.

Die verwendeten Ofentypen unterschieden sich durch die Art der Beheizung (Elektroöfen mit Graphitwiderstand oder Kohlegrieß- oder Gasöfen mit Stadtgas oder Propangas) sowie durch die verwendeten Stoffe für Rohr, Stempel, Zwischenlegscheiben (Graphit, Korund, Sillimanit, Siliciumcarbid); demgemäß ist auch die Ofenatmosphäre unterschiedlich. Die Temperaturregelung erfolgte von Hand, halbautomatisch oder vollautomatisch; auch die Temperaturmessung war unterschiedlich (die Stelle des Probekörpers, wo die Temperatur gemessen wird; verschiedene Anordnungen zur Temperaturmessung).

Forschungsberichte des Wirtschafts- und Verkehrsministeriums Nordrhein-Westfalen

Tabelle 9

Kegel-Nr.	Fall-temperatur	Labor A		Labor B		Labor C	
		Segerkegel	Franz.Kegel	Segerkegel	Franz.Kegel	Segerkegel	Franz.Kegel
27	1610		$+\frac{1}{4}$		$+\frac{1}{4}$		$-\frac{1}{4}$
28	1630		$-\frac{1}{2}$		$-\frac{1}{2}$		0
29	1650		$+\frac{1}{4}$				$+\frac{1}{4}$
30	1670		$-\frac{1}{2}$		$-\frac{1}{2}$		$-\frac{1}{2}$
32	1710		$+\frac{3}{4}$		$+\frac{3}{4}$		$+\frac{1}{2}$
33	1730		$+\frac{1}{2}$		$+1$		$+\frac{3}{4}$
34	1750		$-\frac{1}{2}$		$+\frac{1}{2}$		$+1$
35	1770		-1		$-\frac{1}{2}$		$+\frac{1}{2}$

T a

Druckfeuerbeständigkeitsversuch a

Länder	Labor	Prüfkörp. Durchm.	Temperat. Anstieg °C/min	Silika							Quarz - S c h a		
				Max. Aus-dehn.	0,25	0,30	2,5	5	10	20	Max. Aus-dehn.	0,25	0,30
Deutsch-land	A	35	8°	1660 1655 1650	-	1670 1660 1660	-	-	-	1680 1670 1670	1420	-	1460
			4°	1655 1640 1640		1660 1650 1650				1655 1655 1660	1400		1425
		50	8°	1680 1670 1665		1690 1680 1680				1700 1690 1690	1440		1470
			4°	1665 1655 1655		1670 1660 1660				1675 1670 1670	1400		1435
	B	35	8°			1680 1685 1680				1700 1700 1690			1460
			4°			1680 1680 1680				1690 1690 1695			1460
		50	8°			1690 1690 1680				1700 1700 1690			1460
			4°			1680 1685 1685				1690 1695 1700			1450

10a

ndard - Steinen der ersten Versuchsreihe

e				Schamotte											
				25 - 30 Al$_2$O$_3$						42 - 44 Al$_2$O$_3$					
5	10	20	Max. Ausdehn.	0,25	0,30	2,5	5	10	20	Max. Ausdehn.	0,25	0,30	2,5	5	10	20
-	-	1500	-	-	1310	-	-	-	1600	1380 1430	-	1450 1470	-	-	-	1660 1680
		1470			1300				1580	1390 1370		1430 1430				1640 1650
		1540			1310				1590	1400 1450		1460 1490				1670 1690
		1480			1300				1580	1370 1390		1410 1430				1650 1660
		1510			1340				1580			1460				1695
		1505			1360				1570			1425				1670
		1510			1350				1595			1460				1700
		1500			1350				1570			1435				1680

Tabel

Druckfeuerbeständigkeitsversuch an den S

Labor		Prüfkörper-durchmesser	Temperatur-anstieg °/min.	Silika							Quarz-Schamotte			
				Max. Ausd.	0,25	0,30	2,5	5	10	20	Max. Ausd.	0,25	0,30	2,5
Frankreich	A	35	8°											
			4°	1665 1630	1700 1700		1705 1705	1705 1705			1375 1370	1410 1430		1470 1490
		50	8°											
			4°	1605 1635	1620 1660		1685 1680	1695 1685			1300 1300	1370 1370		1450 1470
	B	35	8°											
			4°	1650	1670	1675	1680				1360 1365	1440 1430	1445 1435	1485 1480
		50	8°											
			4°	1655 1645	1675 1675	1680 1680	1685 1685				1360 1365	1430 1430	1435 1435	1490 1470
	C	35	8°	1670 1690	1675 1705	1675 1705	1685 1720	1685 1720	1685 1720	1685 1720	1430	1480	1480	1515
			4°								1435	1475	1475	1515
		50	8°											
			4°											

-Steinen n der ersten Versuchsreihe

| | | 25 - 30 Al_2O_3 | | | | | | 42 - 44 Al_2O_3 | | | | | | |
				Schamotte										
20	Max. Ausd.	0,25	0,30	2,5	5	10	20	Max. Ausd.	0,25	0,30	2,5	5	10	20
		1235	1275	1280	1335	1380		1310	1380		1530	1590		
		1215	1255	1260	1320	1385		1305	1395		1510	1570		
		1230	1285	1285	1335	1390		1305	1360		1465	1560		
		1235	1275	1280	1355	1390		1305	1375		1465	1510		
0		1160	1230		1350	1430	1500	1260	1375	1380	1510	1565		
0		1180	1240		1350	1425	1490	1260	1370	1375	1510	1560		
5		1165	1225		1370	1435	1500	1255	1365	1370	1505	1565		
5		1170	1220		1360	1450	1500	1265	1380	1385	1510	1590		
0	1540													
0	1540	1200	1250	1250	1360	1440	1520	1560	1345	1420	1420	1535	1580	1630	1660
		1200	1250	1250	1375	1440	1510	1570							
									1350	1440	1440	1565	1615	1655	1680

Tabe

Druckfeuerbeständigkeitsversuche an d

Länder	Labor	Prüfkörper-durchmeser	Temperatur-anstieg °C/min	Silika							Quarz - Schamotte			
				Max. Ausd.	0,25	0,30	2,5	5	10	20	Max. Ausd.	0,25	0,30	2,5
Belgien		35	8°	1670	1674	1675	1680	1685	1690	1700	1425	1438	1440	1470
				1665	1668	1670	1671	1672	1673	1675	1415	1434	1437	1477
				1667	1670	1671	1675	1680	1694	1688	1405	1458	1460	1485
			4°	1660	1666	1667	1675	1676	1680	1685	1420	1441	1445	1465
				1655	1666	1670	1675	1677	1680	1690	1435	1471	1480	1488
				1665	1671	1674	1687	1690	1695	1700	1420	1442	1445	1480
		50	8°	1690	1700	1702	1710	1712	1720	1734	1435	1462	1470	1505
				1670	1681	1683	1690	1692	1695	1708	1435	1456	1459	1489
				1690	1698	1700	1710	1715	1723	1735	1440	1467	1473	1502
			4°	1660	1663	1664	1667	1670	1675	1680	1455	1470	1472	1500
				1672	1674	1675	1679	1682	1686	1694	1415	1440	1443	1463
				1665	1669	1670	1676	1677	1679	1684	1420	1440	1443	1465

Tabe

Druckfeuerbeständigkeitsversuche an d

Länder	Labor	Prüfkörp. Durchm.	Temperat. Anst. °C/min	Silika							Quarz - Schamotte			
				Max. Ausd.	0,25	0,30	2,5	5	10	20	Max. Ausd.	0,25	0,30	2,5
Italien		35	8°	1620		1670				1680	1350		1420	
											1400		1445	
											1395		1440	
			4°	1625		1675				1680	1370		1435	
				1635		1675				1685	1410		1465	
											1395		1445	
		50	8°	1620		1675				1685	1340		1415	
				1630		1680				1690	1370		1445	
											1395		1445	
			4°	1625		1675				1680	1345		1435	
											1375		1440	
											1375		1430	

0c

...ard-Steinen der ersten Versuchsreihe

			Schamotte											
			25 - 30 Al_2O_3						42 - 44 Al_2O_3					
0	20	Max. Ausd.	0,25	0,30	2,5	5	10	20	Max. Ausd.	0,25	0,30	2,5	5	10	20
00	1528	1200		1235	1390	1477	1555	1590	1400	1472	1480	1560	1595	1631	1650
17	1538	1220		1270	1400	1490	1540	1580	1370	1422	1435	1555	1612	1670	1715
00	1512	1245		1320	1457	1502	1570	1615	1445	1475	1480	1550	1595	1630	1650
80	1485	1230	1255		1415	1470	1515	1545	1340	1410	1420	1530	1570	1615	1640
95	1508	1225	1260		1400	1480	1533	1570	1340	1395	1415	1526	1590	1635	1660
90	1500	1230	1270		1425	1495	1565	1610	1340	1413	1420	1532	1593	1637	1660
20	1530	1220		1255	1400	1475	1530	1567	1345	1395	1402	1516	1555	1595	1660
15	1520	1225		1275	1415	1450	1515	1545	1345	1423	1430	1510	1636	1685	1700
16	1533	1255		1310	1444	1515	1573	1615	1340	1424	1435	1523	1618	1659	1695
20	1533	1245	1257		1380	1435	1517	1570	1365	1415	1422	1550	1595	1630	1655
80	1490	1200	1225		1385	1435	1520	1545	1375	1405	1407	1495	1520	1562	1595
85	1500	1210	1247		1430	1475	1537	1585	1360	1425	1434	1480	1500	1527	1555

10d

...dard-Steinen der ersten Versuchsreihe

			Schamotte											
			25 - 30 Al_2O_3						42 - 44 Al_2O_3					
0	20	Max. Ausd.	0,25	0,30	2,5	5	10	20	Max. Ausd.	0,25	0,30	2,5	5	10	20
	1505	1221		1280				1570	1320		1415				1670
	1500	1175		1265				1560	1310		1405				1675
	1500	1190		1265				1555	1310		1405				1680
	1500	1210		1260				1585	1345		1445				1675
	1510	1180		1240				1540	1300		1405				1670
	1495	1190		1245				1545	1330		1405				1680
	1510	1220		1270				1555	1305		1405				1685
	1515	1210		1260				1565	1300		1390				1680
	1505	1215		1265				1570	1310		1400				1685
	1505	1210		1260				1545	1310		1410				1675
	1495	1195		1240				1550	1300		1395				1680
	1500	1180		1240				1570							

Tabe

Druckfeuerbeständigkeitsversuche an de

Länder	Prüfkörper-durchmesser	Temperat. anst. °C/min	Silika							Quarz-Schamotte			
			Max. Ausd.	0,25	0,30	2,5	5	10	20	Max. Ausd.	0,25	0,30	2,5
Schweiz	35	8°											
		4°	1665	1680	1680	1680	1680	1680	1685	1410	1455		1485
			1675	1690	1690				1700	1390	1460		1485
	35	8°	1670	1705	1705				1725	1405	1470	1475	1500
			1650	1695	1695				1710	1355	1470	1470	1505
	50	4°	1680	1685	1685	1690			1700	1390	1465	1470	1495
			1650	1700	1700				1710	1440	1455	1465	1485

Tabel

Druckfeuerbeständigkeitsversuche an de

Land	Prüfkörper-durchmesser	Temperat. anstieg °C/min	Silika							Quarz - Schamott			
			Max. Ausd.	0,25	0,30	2,5	5	10	20	Max. Ausd.	0,25	0,30	2,5
Niederlande	35	8°	1640	1642	1642	1642	1642	1642	1642	1440	1452	1455	1481
			1660	1662	1665	1665	1665	1665	1665	1435	1445	1447	1475
										1430	1440	1443	1477
										1425	1435	1437	1471
										1440	1460	1465	1481
										1425	1433	1435	1477
		4°											
	50	8°	1675	1676	1678	1689	1700	1700	1700	1410	1435	1440	1460
			1665	1667	1669	1686	1688	1690	1690	1448	1463	1465	1490
										1435	1453	1455	1480
										1430	1460	1465	1493
										1450	1462	1465	1495
										1431	1439	1440	1495
		4°											

10e

ard - Steinen der ersten Versuchsreihe

		25 - 30 Al₂O₃						Schamotte					42 - 44 Al₂O₃	
	20	Max. Ausd.	0,25	0,30	2,5	5	10	20	Max. Ausd.	0,25	0,30	2,5	5	10	20
		1175	1235	1245	1395	1450	1515	1545							
		1160	1245	1250	1405	1460	1515	1545	1370	1455	1470	1545	1610	1665	
									1340	1435		1545	1600	1650	
		1150	1220	1220	1360	1425	1495	1535	1365	1455	1470	1550	1590	1660	1720
	1535								1355	1455	1465	1560	1620	1650	1700
	1525	1135	1200	1205	1355	1430	1505	1540	1345	1410	1420	1535	1575	1640	1690
	1540								1325	1410	1420	1540	1570	1645	1700

)f

dard - Steinen der ersten Versuchsreihe

	20	Max. Ausd.	0,25	0,30	2,5	5	10	20	Max. Ausd.	0,25	0,30	2,5	5	10	20
		1190	1256	1269	1390	1453	1525		1430	1455	1460	1526	1592	1622	
4		1205	1215	1280	1402	1455	1507		1430	1464	1467	1546	1600	1630	
0		1200	1263	1290	1397	1458	1530		1431	1461	1467	1567	1618	1653	
4		1200	1262	1280	1393	1451	1520								
8		1200	1240	1250	1392	1453	1523								
5		1210	1270	1290	1390	1448	1517								
0	1505	1232	1297	1307	1411	1459	1489		1460	1477	1481	1550	1586		
		1294	1320	1329	1417	1457			1465	1495	1501	1578	1622	1670	
		1290	1295	1298	1447	1490	1503								
		1217	1285	1300	1383	1455	1523								
5		1180	1230	1257	1400	1447	1517								
		1210	1226	1230	1362	1418	1480								

Tabelle 10g

Druckfeuerbeständigkeitsversuche an den Standard - Steinen der ersten Versuchsreihe

Land	Prüfkörperdurchmesser Temperaturanst. °C/min	Silika						Quarz - Schamotte					
		Max. Ausd.	0,25	0,30	2,5	5	10	20	Max. Ausd.	0,25	0,30	2,5	5	10	20
Schweden	8°			1680			1700				1490			1545	
				1675			1695				1485			1545	
				1685			1705				1480			1540	

Land	Prüfkörp. Durchm. Temperat. Anst. °C/min	Schamotte											
		25 - 30 Al$_2$O$_3$						42 - 44 Al$_2$O$_3$					
		Max. Ausd.	0,25	0,30	2,5	5	10	20	Max. Ausd.	0,25	0,30	2,5	5	10	20
Schweden	8°			1340			1600				1480			1700	
				1310			1610				1490			1690	
				1330			1600				1480			1680	

Tabelle 11

Eichung der Thermoelemente

Temperatur der Heißlötstelle (Bezugstemperatur 0°C)	auf Raumtemperatur korregiert	Raumtemperatur	Italien	Belgien	Frankreich	Deutschland
°C	°C	°C	mV	mV	mV	mV
500	517	26	4,28	4,28	4,27	1,30
610	629	30	5,39	5,39	5,39	1,90
706	726	32	6,38	6,38	6,38	2,59
755	774	32	6,90	6,86	6,90	2,98
801	820	32,5	7,35	7,35	7,36	3,30
853	872	32,5	7,91	7,88	7,91	3,70
904	924	33	8,45	8,45	8,43	4,07
955	975	33,5	9	9	9	4,46
1002	1002	33,5	9,53	9,53	9,53	4,95
1050	1069	33,5	10, 8	10,09	10,08	5,27
1095	1115	34	10,59	10,62	10,59	5,77
1157	1176	34	11,30	11,30	11,30	6,42
1205	1224	34	11,85	11,85	11,87	6,80

Die Korrektur der Temperaturwerte wurde wie folgt vorgenommen:

Hinzuzufügende Temperatur = K x Raumtemperatur

K = 0,67 bei 500°C   0,58 bei 800°C
    0,64 " 600°C   0,58 " 1000°C
    0,61 " 700°C   0,57 " 1200°C

Das Erweichen wird ebenfalls unterschiedlich gemessen. Bei graphischer Aufzeichnung wird meist eine 10 - 20fache Vergrößerung angewendet und die Längenänderung in Abhängigkeit von der Zeit oder Temperatur geschrieben. Vielfach wird die Längenänderung mit Hilfe einer Meßuhr oder eines Komparators abgelesen.

Um Temperaturmeßfehler zu vermeiden, wurden vor dem Beginn der Versuche PtRh-Elemente, die zur Kontrolle des Temperaturanstieges bis 1200°C dienten, an einer Stelle geeicht. Anschließend nahm jedes Laboratorium eine Vergleichseichung der mittels Pyrometer und Thermoelement gefundenen Werte vor. Tabelle 11 zeigt die Eichwerte der Thermoelemente.

4.12 Schlußfolgerungen aus der ersten Versuchsreihe

4.121 Silikasteine

Die Ergebnisse führten zu der Feststellung, daß es gleichwertig sei, einen Körper mit 34 oder 50 mm Durchmesser zu verwenden, vorausgesetzt, daß die Aufheizgeschwindigkeit 4°/min. beträgt; das gleiche Ergebnis erzielt ein Probekörper mit 34 mm Durchmesser bei einer Aufheizgeschwindigkeit von 8°/min. Die Ergebnisse bei Verwendung eines Probekörpers von 50 mm mit einer Aufheizgeschwindigkeit von 8°/min. unterscheiden sich von denen, welche nach den drei anderen Methoden erzielt werden, wesentlich. Die Unterschiede sind als kennzeichnend zu betrachten.

4.122 Quarzschamottesteine

Die Unterschiede in den Ergebnissen nach den 4 Methoden bei den verschiedenen Laboratorien schienen größer zu sein als diese, welche die verschiedenen Methoden verursachen, aber nicht auf Qualitätsunterschieden der Steine zu beruhen.

4.123 Schamottesteine mit 42 - 44 % und 25 - 30 % Al_2O_3

Die Zahl der Ergebnisse, welche für die statistischen Untersuchungen verwendet werden konnten, war nicht genügend, um festzustellen, ob die Temperaturunterschiede für eine bestimmte Zusammendrückung von der Methodik oder den Qualitätsunterschieden der Steine herrührten. Aus dieser Untersuchung konnten zusätzlich noch die folgenden Schlußfolgerungen gezogen werden: Die Unterschiede, die auf die Erhitzungsgeschwindigkeit zurückzuführen sind, streuen für einen 50 mm-Körper weniger als für einen 34 mm Körper.

Die Temperaturwerte für die maximale Ausdehnung streuen stärker als jene, welche einer Zusammendrückung von 0,5 oder 0,6 % entsprechen, insbesondere für Quarzschamotte- oder Schamotteerzeugnisse.

4.2 Zweite Versuchsserie

Die erste Versuchsreihe ermöglichte keine statistische Sicherung der Unterschiede in den Ergebnissen. Es wurde daher eine neue Versuchsserie durchgeführt, deren statistischer Plan zu Anfang dieser Arbeit beschrieben wurde

4.21 Vorbereitung der Versuche - Herstellung der Probekörper

Um das vorgesehene Programm durchzuführen, mußte jeder der 4 Versuche an je einem aus ein und demselben Stein hergestellten Probekörper durchgeführt werden, um für jede Methode 20 Ergebnisse zu erhalten. Weiterhin mußte die Zuordnung der Probekörper zu den Steinvierteln zufällig geschehen; hierfür wurde jeweils ein Viertel eines Steines mit Hilfe von Karten ausgewählt.

4.22 Steinqualitäten und verwendete Öfen

4.221 Silikasteine

Die Steine wurden von der deutschen Delegation geliefert und im Laboratorium des Forschungsinstituts in Bonn untersucht. Es wurde die folgende Apparatur verwendet: Kohlegrießofen mit Korundrohr ($\emptyset$ 100 mm) und Kohlestempeln. Temperaturmessung mittels Thermoelement PtRh 18; Messen der Längenänderung mittels registrierendem Schreibgerät mit 10facher Übersetzung und mit der Meßuhr mit einer Genauigkeit von 1/100 mm.

4.222 Schamottesteine mit 25 - 30 % Al_2O_3

Diese Steine wurden von der italienischen Delegation geliefert und im keramischen Labor der Universität Bologna untersucht. Verwendeter Ofen: Tamann-Ofen mit Kohleheizrohr (120 mm $\emptyset$), Stempel ebenfalls aus Kohle. Temperaturmessung mit optischem Pyrometer, wobei die Oberfläche des Probekörpers durch ein horizontales Rohr (gekühlt und von einem schwachen Wasserstoffgasstrom durchströmt) anvisiert wurde. Messen der Längenänderung mit der Schreibtrommel mit 12,5facher Vergrößerung und mit der Meßuhr mit einer Genauigkeit von 1/100 mm.

Tabelle 12

Druckfeuerbeständigkeitsprüfung. 2. Versuchsreihe. Mittlere Erweichungstemperaturen.

Qualität	Labor	Zusammen-drückung %	Durchmesser 50 mm		Durchmesser 35 mm	
			8°/min. Temperaturanst.	4°/min. Temperaturanst.	8°/min. Temperaturanst.	4°/min. Temperaturanst.
Basische Steine	Österreich	0	1476	1430	1464	1454
		0,6	1554	1518	1547	1539
		Bruch	1612	1589	1601	1590
Schamotte-Steine	Frankreich	0	1402	1393	1394	1381
		0,5	1459	1446	1452	1440
		0,6	1467	1453	1458	1446
42-44% Al_2O_3		1	1485	1471	1476	1465
		2	1516	1503	1508	1495
		5	1565	1554	1555	1546
		10	1604	1599	1594	1588
Schamotte-Steine	Italien	0	1221	1202	1184	1277
		0,6	1349	1388	1328	1407
25-30% Al_2O_3		1	1376	1417	1348	1426
		40	1563	1551	1545	1554
Silika-steine	Deutschland	0	1640	1626	1617	1621
		0,6	1695	1683	1688	1678
		40	1705	1693	1698	1693

Tabelle 13
Standardabweichungen der Druckerweichungstemperaturen

Qualität	Labor	Zusammen-drückung %	Durchmesser 50 mm		Durchmesser 35 mm	
			8°/min Temperaturanst.	4°/min. Temperaturanst.	8°/min. Temperaturanst.	4°/min. Temperaturanst.
Basische Steine	Öster-reich	0	39,5	39,0	36,6	29,4
		0,6	39,9	29,9	35,6	20,0
		Bruch	22,8	13,1	22,1	15,9
Schamotte-Steine	Frank-reich	0	16,6	7,0	9,6	8,8
		0,5	10,8	7,2	8,1	7,4
		1	10,7	7,7	8,4	7,8
42-44 Al_2O_3		2	8,3	7,7	7,7	7,8
		5	9,1	7,2	6,4	5,8
		10	9,6	6,1	4,1	3,6
Schamotte-Steine	Italien	0	66,8	57,7	62,1	46,8
		0,6	64,3	31,9	65,5	45,9
		1	60,6	30,9	62,1	42,4
25-30% Al_2O_3		40	41,9	26,4	18,0	15,4
Silika-Steine	Deutsch-land	0	16,5	11,9	14,6	14,3
		0,6	2,7	3,8	2,5	3,0
		40	3,2	3,0	2,3	2,4

Tabelle 14

Sicherheitsgrad der Unterschiede zwischen den Standardabweichungen der basischen Steine

(Nach den im österreichischen Laboratorium ausgeführten Versuche)

Unterschiede zwischen Verfahren

Temperaturen	$\frac{50}{8}:\frac{35}{4}$	$\frac{50}{8}:\frac{50}{4}$	$\frac{50}{8}:\frac{35}{8}$	$\frac{50}{4}:\frac{35}{8}$	$\frac{50}{4}:\frac{35}{4}$	$\frac{35}{8}:\frac{35}{4}$
T_o	-	-	-	-	-	-
T_{o6}	-	xx	-	-	x	xx
T_B	xx	-	-	x	-	-

Unterschiede zwischen Temperaturen

Verfahren	$T_o:T_{o6}$	$T_o:T_B$	$T_{o6}:T_B$
50/8	-	x	x
50/4	-	xx	xx
35/8	-	x	x
35/4	x	xx	-

- = nicht gesicherter Unterschied
x = halbgesicherter Unterschied = 95 % Sicherheit
xx = gesicherter Unterschied = 99 % Sicherheit

4.223 Schamottesteine mit 42-44 % Al_2O_3

Die Steine wurden von der französischen Delegation geliefert und im Feuerfest-Labor der IRSID untersucht. Verwendeter Ofen: Graphitrohrwiderstandsofen mit dichtem Innenrohr aus Sintertonerde. Die Stempel waren aus demselben Material, so daß es möglich war, jede beliebige Ofenatmosphäre einzustellen (bei den vorliegenden Versuchen war die Ofenatmosphäre Luft). Temperaturmessung mittels optischen Pyrometer durch oberen Druckstempel und unter Verwendung eines Prismas. Die Längenänderung wurde 100fach vergrößert und mittels Meßuhr gemessen.

4.224 Basische Steine (Radex-A)

Die Steine wurden von der österreichischen Delegation geliefert und im Labor der österreichisch-amerikanischen Magnesit-AG. untersucht. Der Ofen ist der gleiche, wie ihn die deutsche Delegation verwendete, jedoch wurde ein Magnesitrohr mit 95 mm Durchmesser verwendet.

4.23 Diskussion der Ergebnisse

4.231 Tabellarische Zusammenfassung der Ergebnisse

Tabelle 12 zeigt die Mittelwerte der Ergebnisse aus 20 Versuchen nach den 4 Methoden für alle Steinqualitäten. Tabelle 13 zeigt die Streuungen, ausgedrückt in Standardabweichungen. Die Temperaturen, welche den verschiedenen Prozentsätzen der Zusammendrückung entsprachen, sind durch den Buchstaben T mit der Prozentangabe als Index angedeutet. T_{10} bedeutet z.B. die Temperatur, bei welcher der Probekörper um 10 % zusammengedrückt wurde.

Wie bereits in § 2.24 angeführt wurde, sind 2 Standardabweichungen von 20 Werten dann kennzeichnend, wenn das Verhältnis ihrer Quadrate größer als 3,03 ist, und halbkennzeichnend, wenn sich dieser Wert zwischen 2,16 und 3,03 bewegt. Tabelle 14 sowie die folgenden zeigen eine Zusammenstellung der Ergebnisse.

4.232 Basische Steine

Im Falle der basischen Steine zeigen die Streuungen (Tabelle 14), daß die Streuung für T_b, nach welcher Methode der Versuch auch immer durchgeführt wurde, geringer ist als für die anderen Temperaturen T_o und T_{o6}. Die Streuung der beiden letzteren unterscheidet sich nur im Falle der Methode 35 mm /4°C/min. Die Streuung der Versuchsergebnisse bei einer Aufheizgeschwin-

Forschungsberichte des Wirtschafts- und Verkehrsministeriums Nordrhein-Westfalen

T a b e l l e 15

Sicherheitsgrad der Unterschiede zwischen den Standardsabweichungen der Schamotte-Steine 42-44% Al_2O_3

(Nach den im französischen Laboratorium ausgeführten Versuche)

Temperaturen	Unterschiede zwischen Verfahren								Unterschiede zwischen Temperaturen				
	50/8 50/4	50/8 35/8	50/8 50/4	50/8 35/4	50/4 35/8	50/4 35/4	35/8 35/4		Verfahren	$T_o:T_{o5}$	$T_o:T_{10}$	$T_{o5}:T_{10}$	Beobachtungen
T_o	xx	x		xx					50/8	x	x	-	T0 im Verhältnis zu den anderen T halbgesichert
T_{o5}	x	-		x									
T_{o6}	-	-		-					50/4	-	-	-	T10 im Verhältnis zu den anderen T gesichert
T_1	-	-		-					35/8	-	xx	xx	
T_5	-	-		x	x				35/4	-	xx	xx	T10 im Verhältnis zu den anderen T gesichert
T_{10}	x	xx		xx	xx	x							

- = nicht-gesicherter Unterschied
x = halb-gesicherter Unterschied = 95 % Wahrscheinlichkeit
xx = gesicherter Unterschied = 99 % Wahrscheinlichkeit

Tabelle 16

Sicherheitsgrad der Unterschiede zwischen den Standardabweichungen der Schamotte-Steine 42-44% Al_2O_3

(Nach den im französischen Laboratorium ausgeführten Versuche)

Tempera-tur	Unterschiede zwischen Verfahren								Unterschiede zwischen Temperaturen			
	50/8 50/4	50/8 35/8	50/8 35/4	50/4 35/8	50/4 35/4	35/8 35/4		Verfahren	$T_o:T_{o6}$	$T_o:T_{40}$	$T_{o6}:T_{40}$
T_o	–	–	–	–	–	–		50/8	–	x	x
T_{o6}	xx	–	–	xx	–	–		50/4	xx	xx	xx
T_1	xx	–	x	xx	–	x		35/8	–	xx	xx
T_{40}	x	xx	–	x	–	–		35/4	–	xx	xx

Erläuterung:

– = nicht-gesicherter Unterschied
x = halb-gesicherter Unterschied = 95 % Sicherheit
xx = gesicherter Unterschied = 99 % Sicherheit

Forschungsberichte des Wirtschafts- und Verkehrsministeriums Nordrhein-Westfalen

T a b e l l e 17

Sicherheitsgrad der Unterschiede zwischen den Standardsabweichungen der Silika-Steine

(nach den im deutschen Laboratorium ausgeführten Versuche)

Unterschiede zwischen Verfahren											Unterschiede zwischen Temperaturen			
Temperaturen	50 35 8	50 8	50 35 8	50 35 8	50 35 4	50 35 4	50 35 4 4	35 35 8 4			Verfahren	$T_o:T_{06}$	$T_o:T_{40}$	$T_{06}:T_{40}$
T_o	–	–	–	–	–	–	–	–			50/8	xx	xx	–
T_{06}	–	–	–	–	x	–	–	–			50/4	xx	xx	–
T_{40}	–	–	–	–	–	–	–	–			35/8	xx	xx	–

– = nicht-gesicherter Unterschied

x = halb-gesicherter Unterschied = 95 % Sicherheit

xx = gesicherter Unterschied = 99 % Sicherheit

Tabelle 18
Zusammenfassung der Unterschiede in den Streuungen der Versuchswerte der verschiedenen Laboratorien

Steine	Unterschiede der Streuungen	
	Erweichungstemperatur	Verfahren
Basische Steine	T_B schwächer	8°/min. stärker
Schamottesteine 25 - 30 % Al_2O_3	T 40 schwächer	50/8 stärker
Schamottesteine 42 - 44 % Al_2O_3	T 10 schwächer	-
Silika	TO stärker	8°/min. stärker

digkeit von 4°C/min. (außer im Falle T_o) ist geringer als jene der Versuche mit 8°/min., jedoch besteht bei der Streuung kein merklicher Unterschied zwischen den Versuchsergebnissen mit Prüfkörpern verschiedener Durchmesser.

4.233 Schamottesteine mit 42 - 44 % Al_2O_3

Die Streuungen (Tab. 15) dieser Steine zeigen, daß die Temperaturwerte T_{10} stets weniger streuen als die anderen Temperaturwerte, außer im Falle der Methode 50 mm/4°C/min. Die Methode 50 mm/8°/min. streut merklich stärker als die anderen, insbesondere für T_o, T_{o5} und T_{10}.

4.234 Schamottestiene mit 25 - 30 % Al_2O_3

Tabelle 16 zeigt, daß die Streuungen, nach welcher Methode der Versuch auch durchgeführt wurde, für T_{40} schwächer ist als für die anderen Temperaturen T_o und T_{o6}. Die Streuungen der beiden letzteren zeigen keinen merklichen Unterschied außer im Falle der Methode 50 mm/4°/min. Die Streuung der Versuchsergebnisse bei der Aufheizgeschwindigkeit von 4°/min. (außer im Falle von T_o) ist geringer als jene bei 8°/min., jedoch besteht kein merklicher Unterschied in den Ergebnissen bei Prüfkörpern mit verschiedenen Durchmessern.

4.235 Silikasteine

Tabelle 17 für Silikasteine zeigt, daß die Versuchswerte, nach welcher Methode auch immer vorgegangen wurde, die gleichen Streuungen aufweisen, welche allerdings für den Wert T_o etwas größer sind als für die übrigen Erweichungsmaße.

5. Schlußfolgerungen

Die Tabelle 18 läßt folgende Schlußfolgerungen zu: Eine Aufheizgeschwindigkeit von 4°/min. ist vorzuziehen, weil diese geringere Streuungen in den Ergebnissen erzielen läßt. Wegen der starken Streuungen muß man auf T_o als charakteristischen Wert verzichten. Die Temperaturen, welche einem stärkeren Erweichen entsprechen (10 % oder mehr Zusammendrückung), weisen die geringsten Streuungen auf. Die Versuche zeigten, daß die Streuung vom Durchmesser des Probekörpers unabhängig ist. Es wird daher vorgeschlagen, einen Probekörper von 50 mm und eine Erhitzungsgeschwindigkeit von 4°/min. zu verwenden.

5.1 Anforderung an Ofen und Ofenteile

Voraussetzung für vergleichbare Ergebnisse beim DFB Versuch ist die Gleichartigkeit der Ofenkonstruktion, der Bauteile und der Bedingungen im Ofenraum. Es wurde gefunden:

5.11

Der Ofen sollte einen Mindestdurchmesser von 90 mm und einen Maximaldurchmesser von 120 mm haben. Die Höhe des gleichmäßigen Temperaturbereiches soll mindestens 100 mm bei einer Prüfkörperhöhe von 50 mm betragen. In dieser Zone sollen keine größeren Temperaturdifferenzen als 10° C auftreten. Die Temperaturhomogenität soll kontrolliert werden, wenn der Prüfkörper sich an seinem Platz befindet.

5.12

Der Durchmesser der Druckstempel soll gleich dem Durchmesser des Prüfkörpers oder höchstens 5 mm größer sein. Die Druckstempel dürfen sich während des Versuchs nicht verändern und sollten die Ofenatmosphäre nicht beeinflussen.

5.13

Die Unterlagscheiben, die zwischen Prüfkörper und Druckstempel eingeschoben werden, dürfen mit diesen beiden Teilen nicht reagieren. Sie sollten

auch nicht die Ofenatmosphäre beeinflussen. Sie sollten eine Dicke von
8 - 10 mm und einen Durchmesser gleich dem der Druckstempel haben.

Für die Durchführung umfangreicher Arbeiten bei den Versuchsserien, sowie
zur Zusammenstellung und Auswertung ist auch Herrn Professor J. BARON,
Nancy, Herrn Dipl.-Ing. W. LOHRE, Bonn, und Frl. Dipl.-Ing. SCHONDOERFFER,
Paris, besonders zu danken.

Anlage 1

P.R.E.

Feuerfestigkeit

I. Ziel

Dieser Versuch zeigt das Verhalten feuerfester Massen und Erzeugnisse bei steigender Temperatur ohne äußere Belastung.

Der Versuch besteht darin, Versuchskegel aus feuerfesten Massen oder Erzeugnissen gleichzeitig mit pyramidenförmigen, geeichten Prüfkegeln (Segerkegel) steigenden Temperaturen auszusetzen und das Verhalten zueinander zu vergleichen. Die Probekörper weisen dabei die gleiche Form und die gleichen Maße wie die Prüfkegel auf.

II. Versuchsapparatur

1. Der Ofen zur Durchführung dieser Bestimmung soll einen zylindrischen Ofenraum mit senkrechter Achse aufweisen, wobei der lichte Durchmesser im Minimum 60 mm betragen soll. Der Ofen muß es ermöglichen, eine Temperatursteigerung zu erreichen, wie sie im § IV 2.1 beschrieben wird. Die Ofenatmosphäre soll keinen besonderen Charakter aufweisen (oxydierend oder schwach reduzierend); in der Prüfzone, in welcher sich die Probekörper befinden und die über eine gesamte Länge von mindestens 100 mm reicht, soll die Temperatur gleichmäßig, mit höchstens 10° C Unterschied sein.

Im Falle eines Ofens mit direkter Beheizung müssen die Probekörper und die Segerkegel vor jeder direkten Flammeneinwirkung geschützt sein.

2. Die geeichten Versuchskegel weisen Pyramidenform auf. Ihre genauen Abmessungen sowie ihre Fallpunkte sind von den jeweiligen Fabrikanten angegeben.

3. Das Unterlegplättchen für die Segerkegel und die Versuchskörper besteht aus einer ff.Platte mit ebenen, parallelen Flächen. Diese ff.Platte und der zur Befestigung der Versuchs- und Probekörper verwendete Mörtel dürfen mit den Prüf- und Versuchskegeln während der Versuchsdurchführung nicht reagieren.

III. Probekörper

1. Die Versuchskegel weisen die Abmessungen der geeichten Kegel gemäß II 2. auf.

2. Die Herstellung der Versuchskegel kann nach zwei verschiedenen Methoden vorgenommen werden.

III - 2.1 Geformte Probekörper

III - 2.11

Man entnehme 50 g gemahlene Substanz, die durch ein 0,5 mm Sieb geht und die nach den allgemeinen Vorschriften über die Probenahme gezogen wurde; dann mahle man das entnommene Pulver in einem Achatmörser, bis das Ganze durch ein 0,2 mm Maschensieb geht. Die Absiebung muß mehrmals erfolgen, um nicht ein Übermaß allzu feinen Pulvers zu erhalten. Der Siebdurchgang durch ein 0,1 mm-Maschensieb soll weniger als 50 % betragen.

III - 2.12

Man trenne u.U. mit einem Magnet das metallische Eisen, welches vom Zerkleinern des Materials herrührt, ab und mische sorgfältig (dies unterbleibt bei von sich aus magnetischen Materialien).

III - 2.13

Dann setze man das Pulver mit Wasser an, welchem man, wenn es sich um ein mageres Material handelt, ein organisches Bindemittel beisetzt, das nur weniger als 0,5 % Aschegehalt aufweisen darf. Handelt es sich um ein Material, welches mit Wasser reagiert, so wird eine zweckentsprechende Flüssigkeit verwendet.

III - 2.14

Dann forme man die Versuchskörper in einer entsprechenden Form. Massen oder ff.Erzeugnisse, die beim Erhitzen merklichen Formveränderungen unterliegen, müssen vorgebrannt werden.

III - 2.2 Geschnittene Versuchkörper

III - 2.21

Man säge die Versuchskörper aus dem Material und bearbeite sie durch Schleifen. Die "Brennhaut" der gebrannten Erzeugnisse muß dabei entfernt werden.

III - 2.22

Es wird empfohlen, einen Quader von ungefähr 15 x 15 x 30 mm herauszusägen; wenn es sich um ein grobkörniges ff. Material handelt, soll es vor dem Heraussägen mit einem aschefreien Harz getränkt werden (z.B. Kanadabalsam). Dieses Stück wird dann mit der Trennscheibe zu einem Kegel herausgeschnitten und schließlich durch Schleifen geglättet.

III - 2.23

Versuchskegel aus geformten ff. Erzeugnissen sind stets durch Schneiden herzustellen, außer in solchen Fällen, wo dies mechanisch nicht möglich ist.

III - 2.24

Die Herstellungsart der Versuchskegel muß im Versuchsbericht angeführt sein.

III - 2.25

Versuchskegel aus nicht geformten ff.Massen werden, soweit als möglich vorgeformt und gemäß den Anwendungsvorschriften gebrannt.

IV. Versuchsmethode

IV - 1. Vorbereitung der Unterlegscheibe

IV - 1.1

Man stelle auf die Unterlegscheibe 2 Versuchskegel einander gegenüber, neben die je ein geeichter Prüfkegel gesetzt wird, wie dies in IV 2 festgelegt wird. Diese werden mittels Mörtel so auf dem Umfang befestigt, daß innen ein Kreis mit 40 mm Durchmesser freibleibt. Das Einsetzen der Prüfkörper soll 2 - 3 mm tief in die Unterlage erfolgen. Die Aufstellung der Kegel geschieht mit der Kante, die sich gegenüber der größten Seite befindet und die Nummer trägt, nach dem Innern zu in den Ecken eines regelmäßigen Sechsecks mit einer Neigung von $80°$ - $85°$ gegenüber der Unterlagscheibe. Die so vorbereitete Unterlagscheibe ist zu trocken.

IV - 1.2

Die zur Anwendung kommenden Prüfkegel sind wie folgt zu gruppieren: Außer dem Prüfkegel (oder dem Paar Prüfkegel), welche der voraussichtlichen Feuerfestigkeit des Materials entsprechen, verwende man je einen geeichten Prüfkegel mit der direkt höheren und niedrigeren SK-Zahl, so daß die Gesamtzahl der Prüfkegel 4 oder 6 beträgt.

Die angeführte Zeichnung stellt die Anordnung der Kegel dar.

IV - 2. Versuchsdurchführung

IV - 2.1

Dann bringe man die Unterlagplatte in die homogene Temperaturzone des Ofens, zentriere sie in der Rohrachse und lasse die Temperatur bis auf $200°$ C unterhalb der voraussichtlichen Feuerfestigkeit des Materials rasch ansteigen. Das weitere Aufheizen soll derart vorgenommen werden, daß die Kegelfallpunkte zweier aufeinander folgender Kegel in 4 bis 7 Minuten erreicht werden, was einer durchschnittlichen Temperatursteigerung von $4°$/min. entspricht.

IV - 2.2

Der Ofen ist abzustellen, sobald die Spitze des Probekegels die Unterlagscheibe berührt. Es wird empfohlen, einen Vorversuch durchzuführen, um diese Temperatur mittels eines optischen Pyrometers festzustellen.

IV - 2.3

Dann entnehme man die Unterlagplatte dem Ofen und notiere die Nummer des geeichten Prüfkegels, dessen Fallpunkt gleich mit dem des Versuchskegels war oder die Nummer der beiden geeichten Prüfkegel, welche oberhalb und unterhalb des Fallpunktes des Versuchskegels liegen. Wenn der Versuchskegel oder die geeichten Prüfkegel nicht die normale Neigung zeigen, muß der Versuch wiederholt werden.

V. Auslegung der Ergebnisse

Die Feuerfestigkeit wird durch die Nummer des Prüfkegels ausgedrückt. Schließlich ist noch anzugeben:

Die Herkunft des geeichten Prüfkegels,
ob der Vergleichskörper herausgesägt oder geformt war.

VI. Genauigkeit der Ergebnisse

Die Genauigkeit (Reproduzierbarkeit) des Versuches beträgt $\pm$ 1 SK-Nummer.

>Prof. Francesco SAVIOLI, Istituto Siderurgico Finsider, Genua.
>Dr.-Ing. Kamillo KONOPICKY, Forschungsinstitut der Feuerfest-Industrie, Bonn.
>Prof. Yves LETORT, Societe Generale de Produits Réfractaires, Paris.

FORSCHUNGSBERICHTE
DES WIRTSCHAFTS- UND VERKEHRSMINISTERIUMS
NORDRHEIN-WESTFALEN

Herausgegeben von Staatssekretär Prof. Dr. h. c. Leo Brandt

HEFT 1
Prof. Dr.-Ing. E. Flegler, Aachen
Untersuchungen oxydischer Ferromagnet-Werkstoffe
1952, 20 Seiten, DM 6,75

HEFT 2
Prof. Dr. W. Fuchs, Aachen
Untersuchungen über absatzfreie Teeröle
1952, 32 Seiten, 5 Abb., 6 Tabellen, DM 10,—

HEFT 3
Techn.-Wissenschaftl. Büro für die Bastfaserindustrie, Bielefeld
Untersuchungsarbeiten zur Verbesserung des Leinenwebstuhls
1952, 44 Seiten, 7 Abb., 3 Tabellen, DM 12,50

HEFT 4
Prof. Dr. E. A. Müller und Dipl.-Ing. H. Spitzer, Dortmund
Untersuchungen über die Hitzebelastung in Hüttenbetrieben
1952, 28 Seiten, 5 Abb., 1 Tabelle, DM 9,—

HEFT 5
Dipl.-Ing. W. Fister, Aachen
Prüfstand der Turbinenuntersuchungen
1952, 40 Seiten, 30 Abb., 3 Schaltbilder, DM 1,—

HEFT 6
Prof. Dr. W. Fuchs, Aachen
Untersuchungen über die Zusammensetzung und Verwendbarkeit von Schwelteerfraktionen
1952, 36 Seiten, DM 10,50

HEFT 7
Prof. Dr. W. Fuchs, Aachen
Untersuchungen über emsländisches Petrolatum
1952, 36 Seiten, 1 Abb., 17 Tabellen, DM 10,50

HEFT 8
M. E. Meffert und H. Stratmann, Essen
Algen-Großkulturen im Sommer 1951
1953, 52 Seiten, 4 Abb., 20 Tabellen, DM 9,75

HEFT 9
Techn.-Wissenschaftl. Büro für die Bastfaserindustrie, Bielefeld
Untersuchungen über die zweckmäßige Wicklungsart von Leinengarnkreuzspulen unter Berücksichtigung der Anwendung hoher Geschwindigkeiten des Garnes
Vorversuche für Zetteln und Schären von Leinengarnen auf Hochleistungsmaschinen
1952, 48 Seiten, 7 Abb., 7 Tabellen, DM 9,25

HEFT 10
Prof. Dr. W. Vogel, Köln
„Das Streifenpaar" als neues System zur mechanischen Vergrößerung kleiner Verschiebungen und seine technischen Anwendungsmöglichkeiten
1953, 20 Seiten, 6 Abb., DM 4,50

HEFT 11
Laboratorium für Werkzeugmaschinen und Betriebslehre, Technische Hochschule Aachen
1. Untersuchungen über Metallbearbeitung im Fräsvorgang mit Hartmetallwerkzeugen und negativem Spanwinkel
2. Weiterentwicklung des Schleifverfahrens für die Herstellung von Präzisionswerkstücken unter Vermeidung hoher Temperaturen
3. Untersuchung von Oberflächenveredlungsverfahren zur Steigerung der Belastbarkeit hochbeanspruchter Bauteile
1953, 80 Seiten, 61 Abb., DM 15,75

HEFT 12
Elektrowärme-Institut, Langenberg (Rhld.)
Induktive Erwärmung mit Netzfrequenz
1952, 22 Seiten, 6 Abb., DM 5,20

HEFT 13
Techn.-Wissenschaftl. Büro für die Bastfaserindustrie, Bielefeld
Das Naßspinnen von Bastfasergarnen mit chemischen Zusätzen zum Spinnbad
1953, 52 Seiten, 4 Abb., 19 Tabellen, DM 10,—

HEFT 14
Forschungsstelle für Acetylen, Dortmund
Untersuchungen über Aceton als Lösungsmittel für Acetylen
1952, 64 Seiten, 10 Abb., 26 Tabellen, DM 12,25

HEFT 15
Wäschereiforschung Krefeld
Trocknen von Wäschestoffen
1953, 48 Seiten, 14 Abb., 2 Tabellen, DM 9,—

HEFT 16
Max-Planck-Institut für Kohlenforschung, Mülheim a. d. Ruhr
Arbeiten des MPI für Kohlenforschung
1953, 104 Seiten, 9 Abb., DM 17,80

HEFT 17
Ingenieurbüro Herbert Stein, M.-Gladbach
Untersuchung der Verzugsvorgänge in den Streckwerken verschiedener Spinnereimaschinen. 1. Bericht: Vergleichende Prüfung mit verschiedenen Dickenmeßgeräten
1952, 36 Seiten, 15 Abb., DM 8,—

HEFT 18
Wäschereiforschung Krefeld
Grundlagen zur Erfassung der chemischen Schädigung beim Waschen
1953, 68 Seiten, 15 Abb., 15 Tabellen, DM 12,75

HEFT 19
Techn.-Wissenschaftl. Büro für die Bastfaserindustrie, Bielefeld
Die Auswirkung des Schlichtens von Leinengarnketten auf den Verarbeitungswirkungsgrad, sowie die Festigkeit und Dehnungsverhältnisse der Garne und Gewebe
1953, 48 Seiten, 1 Abb., 9 Tabellen, DM 9,—

HEFT 20
Techn.-Wissenschaftl. Büro für die Bastfaserindustrie, Bielefeld
Trocknung von Leinengarnen I
Vorgang und Einwirkung auf die Garnqualität
1953, 62 Seiten, 18 Abb., 5 Tabellen, DM 12,—

HEFT 21
Techn.-Wissenschaftl. Büro für die Bastfaserindustrie, Bielefeld
Trocknung von Leinengarnen II
Spulenanordnung und Luftführung beim Trocknen von Kreuzspulen
1953, 66 Seiten, 22 Abb., 9 Tabellen, DM 13,—

HEFT 22
Techn.-Wissenschaftl. Büro für die Bastfaserindustrie, Bielefeld
Die Reparaturanfälligkeit von Webstühlen
1953, 28 Seiten, 7 Abb., 5 Tabellen, DM 5,80

HEFT 23
Institut für Starkstromtechnik, Aachen
Rechnerische und experimentelle Untersuchungen zur Kenntnis der Metadyne als Umformer von konstanter Spannung auf konstanten Strom
1953, 52 Seiten, 20 Abb., 4 Tafeln, DM 9,75

HEFT 24
Institut für Starkstromtechnik, Aachen
Vergleich verschiedener Generator-Metadyne-Schaltungen in bezug auf statisches Verhalten
1952, 44 Seiten, 23 Abb., DM 8,50

HEFT 25
Gesellschaft für Kohlentechnik mbH., Dortmund-Eving
Struktur der Steinkohlen und Steinkohlen-Kokse
1953, 58 Seiten, DM 11,—

HEFT 26
Techn.-Wissenschaftl. Büro für die Bastfaserindustrie, Bielefeld
Vergleichende Untersuchungen zweier neuzeitlicher Ungleichmäßigkeitsprüfer für Bänder und Garne hinsichtlich ihrer Eignung für die Bastfaserspinnerei
1953, 64 Seiten, 30 Abb., DM 12,50

HEFT 27
Prof. Dr. E. Schratz, Münster
Untersuchungen zur Rentabilität des Arzneipflanzenanbaues Römische Kamille, Anthemis nobilis L.
1953, 16 Seiten, 1 Tabelle, DM 3,60

HEFT 28
Prof. Dr. E. Schratz, Münster
Calendula officinalis L. Studien zur Ernährung, Blütenfüllung und Rentabilität der Drogengewinnung
1953, 24 Seiten, 2 Abb., 3 Tabellen, DM 5,20

HEFT 29
Techn.-Wissenschaftl. Büro für die Bastfaserindustrie, Bielefeld
Die Ausnützung der Leinengarne in Geweben
1953, 100 Seiten, 14 Abb., 10 Tabellen, DM 17,80

HEFT 30
Gesellschaft für Kohlentechnik mbH., Dortmund-Eving
Kombinierte Entaschung und Verschwelung von Steinkohle; Aufarbeitung von Steinkohlenschlämmen zu verkokbarer oder verschwelbarer Kohle
1953, 56 Seiten, 16 Abb., 10 Tabellen, DM 10,50

HEFT 31
Dipl.-Ing. A. Stormanns, Essen
Messung des Leistungsbedarfs von Doppelsteg-Kettenförderern
1954, 54 Seiten, 18 Abb., 3 Anlagen, DM 11,—

HEFT 32
Techn.-Wissenschaftl. Büro für die Bastfaserindustrie, Bielefeld
Der Einfluß der Natriumchloridbleiche auf Qualität und Verwebbarkeit von Leinengarnen und die Eigenschaften der Leinengewebe unter besonderer Berücksichtigung des Einsatzes von Schützen- und Spulenwechselautomaten in der Leinenweberei
1953, 64 Seiten, 2 Abb., 12 Tabellen, DM 11,50

HEFT 33
Kohlenstoffbiologische Forschungsstation e. V.
Eine Methode zur Bestimmung von Schwefeldioxyd und Schwefelwasserstoff in Rauchgasen und in der Atmosphäre
1953, 32 Seiten, 8 Abb., 3 Tabellen, DM 6,50

HEFT 34
Textilforschungsanstalt Krefeld
Quellungs- und Entquellungsvorgänge bei Faserstoffen
1953, 52 Seiten, 13 Abb., 13 Tabellen, DM 9,80

WESTDEUTSCHER VERLAG · KÖLN UND OPLADEN

HEFT 35
Professor Dr. W. Kast, Krefeld
Feinstrukturuntersuchungen an künstlichen Zellulosefasern verschiedener Herstellungsverfahren. Teil I: Der Orientierungszustand
1953, 74 Seiten, 30 Abb., 7 Tabellen, DM 13,80

HEFT 36
Forschungsinstitut der feuerfesten Industrie, Bonn
Untersuchungen über die Trocknung von Rohton
Untersuchungen über die chemische Reinigung von Silika- und Schamotte-Rohstoffen mit chlorhaltigen Gasen
1953, 60 Seiten, 5 Abb., 5 Tabellen, DM 11,—

HEFT 37
Forschungsinstitut der feuerfesten Industrie, Bonn
Untersuchungen über den Einfluß der Probenvorbereitung auf die Kaltdruckfestigkeit feuerfester Steine
1953, 40 Seiten, 2 Abb., 5 Tabellen, DM 7,80

HEFT 38
Forschungsstelle für Acetylen, Dortmund
Untersuchungen über die Trocknung von Acetylen zur Herstellung von Dissousgas
1953, 36 Seiten, 11 Abb., 3 Tabellen, DM 6,80

HEFT 39
Forschungsgesellschaft Blechverarbeitung e. V., Düsseldorf
Untersuchungen an prägegemusterten und vorgelochten Blechen
1953, 46 Seiten, 34 Abb., DM 9,50

HEFT 40
*Landesgeologe Dr.-Ing. W. Wolff,
Amt für Bodenforschung, Krefeld*
Untersuchungen über die Anwendbarkeit geophysikalischer Verfahren zur Untersuchung von Spateisengängen im Siegerland
1953, 46 Seiten, 8 Abb., DM 8,80

HEFT 41
Techn.-Wissenschaftl. Büro für die Bastfaserindustrie, Bielefeld
Untersuchungsarbeiten zur Verbesserung des Leinenwebstuhles II
1953, 40 Seiten, 4 Abb., 5 Tabellen, DM 7,80

HEFT 42
Professor Dr. B. Helferich, Bonn
Untersuchungen über Wirkstoffe — Fermente — in der Kartoffel und die Möglichkeit ihrer Verwendung
1953, 58 Seiten, 9 Abb., DM 11,—

HEFT 43
Forschungsgesellschaft Blechverarbeitung e. V., Düsseldorf
Forschungsergebnisse über das Beizen von Blechen
1953, 48 Seiten, 38 Abb., 2 Tabellen, DM 11,30

HEFT 44
Arbeitsgemeinschaft für praktische Dehnungsmessung, Düsseldorf
Eigenschaften und Anwendungen von Dehnungsmeßstreifen
1953, 68 Seiten, 43 Abb., 2 Tabellen, DM 13,70

HEFT 45
Losenhausenwerk Düsseldorfer Maschinenbau AG., Düsseldorf
Untersuchungen von störenden Einflüssen auf die Lastgrenzenanzeige von Dauerschwingprüfmaschinen
1953, 36 Seiten, 11 Abb., 3 Tabellen, DM 7,25

HEFT 46
Prof. Dr. W. Fuchs, Aachen
Untersuchungen über die Aufbereitung von Wasser für die Dampferzeugung in Benson-Kesseln
1953, 58 Seiten, 18 Abb., 9 Tabellen, DM 11,20

HEFT 47
Prof. Dr.-Ing. K. Krekeler, Aachen
Versuche über die Anwendung der induktiven Erwärmung zum Sintern von hochschmelzenden Metallen sowie zur Anlegierung und Vergütung von aufgespritzten Metallschichten mit dem Grundwerkstoff
1954, 66 Seiten, 39 Abb., DM 13,90

HEFT 48
Max-Planck-Institut für Eisenforschung, Düsseldorf
Spektrochemische Analyse der Gefügebestandteile in Stählen nach ihrer Isolierung
1953, 38 Seiten, 8 Abb., 5 Tabellen, DM 7,80

HEFT 49
Max-Planck-Institut für Eisenforschung, Düsseldorf
Untersuchungen über Ablauf der Desoxydation und die Bildung von Einschlüssen in Stählen
1953, 52 Seiten, 19 Abb., 3 Tabellen, DM 12,40

HEFT 50
Max-Planck-Institut für Eisenforschung, Düsseldorf
Flammenspektralanalytische Untersuchung der Ferritzusammensetzung in Stählen
1953, 44 Seiten, 15 Abb., 4 Tabellen, DM 8,60

HEFT 51
Verein zur Förderung von Forschungs- und Entwicklungsarbeiten in der Werkzeugindustrie e. V., Remscheid
Untersuchungen an Kreissägeblättern für Holz, Fehler- und Spannungsprüfverfahren
1953, 50 Seiten, 23 Abb., DM 10,—

HEFT 52
Forschungsstelle für Acetylen, Dortmund
Untersuchungen über den Umsatz bei der explosiblen Zersetzung von Azetylen
a) Zersetzung von gasförmigem Azetylen
b) Zersetzung von an Silikagel absorbiertem Azetylen
1954, 48 Seiten, 8 Abb., 10 Tabellen, DM 9,25

HEFT 53
Professor Dr.-Ing. H. Opitz, Aachen
Reibwert und Verschleißmessungen an Kunststoffgleitführungen für Werkzeugmaschinen
1954, 38 Seiten, 18 Abb., DM 8,20

HEFT 54
Professor Dr.-Ing. F. A. F. Schmidt, Aachen
Schaffung von Grundlagen für die Erhöhung der spez. Leistung und Herabsetzung des spez. Brennstoffverbrauches bei Ottomotoren mit Teilbericht über Arbeiten an einem neuen Einspritzverfahren
1954, 34 Seiten, 15 Abb., DM 7,40

HEFT 55
Forschungsgesellschaft Blechverarbeitung e. V., Düsseldorf
Chemisches Glänzen von Messing und Neusilber
1954, 50 Seiten, 21 Abb., 1 Tabelle, DM 10,20

HEFT 56
Forschungsgesellschaft Blechverarbeitung e. V., Düsseldorf
Untersuchungen über einige Probleme der Behandlung von Blechoberflächen
1954, 52 Seiten, 42 Abb., DM 11,20

HEFT 57
Prof. Dr.-Ing. F. A. F. Schmidt, Aachen
Untersuchungen zur Erforschung des Einflusses des chemischen Aufbaues des Kraftstoffes auf sein Verhalten im Motor und in Brennkammern von Gasturbinen
1954, 70 Seiten, 32 Abb., DM 14,60

HEFT 58
Gesellschaft für Kohlentechnik mbH., Dortmund
Herstellung und Untersuchung von Steinkohlenschwelteer
1954, 74 Seiten, 9 Abb., 9 Tabellen, DM 13,75

HEFT 59
Forschungsinstitut der Feuerfest-Industrie e. V., Bonn
Ein Schnellanalysenverfahren zur Bestimmung von Aluminiumoxyd, Eisenoxyd und Titanoxyd in feuerfestem Material mittels organischer Farbreagenzien auf photometrischem Wege
Untersuchungen des Alkali-Gehaltes feuerfester Stoffe mit dem Flammenphotometer nach Riehm-Lange
1954, 62 Seiten, 12 Abb., 3 Tabellen, DM 11,60

HEFT 60
Forschungsgesellschaft Blechverarbeitung e. V., Düsseldorf
Untersuchungen über das Spritzlackieren im elektrostatischen Hochspannungsfeld
1954, 82 Seiten, 53 Abb., 7 Tabellen, DM 17,—

HEFT 61
Verein zur Förderung von Forschungs- und Entwicklungsarbeiten in der Werkzeugindustrie e. V., Remscheid
Schwingungs- und Arbeitsverhalten von Kreissägeblättern für Holz
1954, 54 Seiten, 31 Abb., DM 11,40

HEFT 62
Professor Dr. W. Franz, Institut für theoretische Physik der Universität Münster
Berechnung des elektrischen Durchschlags durch feste und flüssige Isolatoren
1954, 36 Seiten, DM 7,—

HEFT 63
Textilforschungsanstalt Krefeld
Neue Methoden zur Untersuchung der Wirkungsweise von Textilhilfsmitteln
Untersuchungen über Schlichtungs- und Entschlichtungsvorgänge
1954, 34 Seiten, 1 Abb., 5 Tabellen, DM 6,80

HEFT 64
Textilforschungsanstalt Krefeld
Die Kettenlängenverteilung von hochpolymeren Faserstoffen
Über die fraktionierte Fällung von Polyamiden
1954, 44 Seiten, 13 Abb., DM 8,60

HEFT 65
Fachverband Schneidwarenindustrie, Solingen
Untersuchungen über das elektrolytische Polieren von Tafelmesserklingen aus rostfreiem Stahl
1954, 90 Seiten, 38 Abb., 9 Tabellen, DM 17,35

HEFT 66
Dr.-Ing. P. Füsgen VDI †, Düsseldorf
Untersuchungen über das Auftreten des Ratterns bei selbsthemmenden Schneckengetrieben und seine Verhütung
1954, 32 Seiten, 5 Abb., DM 6,60

HEFT 67
Heinrich Wösthoff o. H. G., Apparatebau, Bochum
Entwicklung einer chemisch-physikalischen Apparatur zur Bestimmung kleinster Kohlenoxyd-Konzentrationen
1954, 94 Seiten, 48 Abb., 2 Tabellen, DM 18,25

HEFT 68
Kohlenstoffbiologische Forschungsstation e. V., Essen
Algengroßkulturen im Sommer 1952
II. Über die unsterile Großkultur von Scenedesmus obliquus
1954, 62 Seiten, 3 Abb., 29 Tabellen, DM 11,40

HEFT 69
Wäschereiforschung Krefeld
Bestimmung des Faserabbaues bei Leinen unter besonderer Berücksichtigung der Leinengarnbleiche
1954, 48 Seiten, 15 Abb., 3 Tabellen, DM 9,60

HEFT 70
Wäschereiforschung Krefeld
Trocknen von Wäschestoffen
1954, 52 Seiten, 18 Abb., 3 Tabellen, DM 10,—

HEFT 71
Prof. Dr.-Ing. K. Leist, Aachen
Kleingasturbinen, insbesondere zum Fahrzeugantrieb
1954, 114 Seiten, 85 Abb., DM 22,—

HEFT 72
Prof. Dr.-Ing. K. Leist, Aachen
Beitrag zur Untersuchung von stehenden geraden Turbinengittern mit Hilfe von Druckverteilungsmessungen
1954, 152 Seiten, 111 Abb., DM 36,20

HEFT 73
Prof. Dr.-Ing. K. Leist, Aachen
Spannungsoptische Untersuchungen von Turbinenschaufelfüßen
1954, 66 Seiten, 46 Abb., 2 Tabellen, DM 14,60

HEFT 74
Max-Planck-Institut für Eisenforschung, Düsseldorf
Versuche zur Klärung des Umwandlungsverhaltens eines sonderkarbidbildenden Chromstahls
1954, 58 Seiten, 10 Abb., DM 14,—

HEFT 75
Max-Planck-Institut für Eisenforschung, Düsseldorf
Zeit-Temperatur-Umwandlungs-Schaubilder als Grundlage der Wärmebehandlung der Stähle
1954, 44 Seiten, 13 Abb., DM 8,70

HEFT 76
Max-Planck-Institut für Arbeitsphysiologie, Dortmund
Arbeitstechnische und arbeitsphysiologische Rationalisierung von Mauersteinen
1954, 52 Seiten, 12 Abb., 3 Tabellen, DM 10,20

HEFT 77
Meteor Apparatebau Paul Schmeck GmbH., Siegen
Entwicklung von Leuchtstoffröhren hoher Leistung
1954, 46 Seiten, 12 Abb., 2 Tabellen, DM 9,15

HEFT 78
Forschungsstelle für Acetylen, Dortmund
Über die Zustandsgleichung des gasförmigen Acetylens und das Gleichgewicht Acetylen — Aceton
1954, 42 Seiten, 3 Abb., 8 Tabellen, DM 8,—

HEFT 79
Techn.-Wissenschaftl. Büro für die Bastfaserindustrie, Bielefeld
Trocknung von Leinengarnen III
Spinnspulen- und Spinnkopftrocknung
Vorgang und Einwirkung auf die Garnqualität
1954, 74 Seiten, 18 Abb., 10 Tabellen, DM 14,—

WESTDEUTSCHER VERLAG · KÖLN UND OPLADEN

HEFT 80
Techn.-Wissenschaftl. Büro für die Bastfaserindustrie, Bielefeld
Die Verarbeitung von Leinengarn auf Webstühlen mit und ohne Oberbau
1954, 30 Seiten, 2 Abb., 2 Tabellen, DM 6,—

HEFT 81
Prüf- und Forschungsinstitut für Ziegeleierzeugnisse, Essen-Kray
Die Einführung des großformatigen Einheits-Gitterziegels im Lande Nordrhein-Westfalen
1954, 54 Seiten, 2 Abb., 2 Tabellen, DM 10,—

HEFT 82
Vereinigte Aluminium-Werke AG., Bonn
Forschungsarbeiten auf dem Gebiet der Veredelung von Aluminium-Oberflächen
1954, 46 Seiten, 34 Abb., DM 9,60

HEFT 83
Prof. Dr. S. Strugger, Münster
Über die Struktur der Proplastiden
1954, 30 Seiten, 15 Abb., DM 8,40

HEFT 84
Dr. H. Baron, Düsseldorf
Über Standardisierung von Wundtextilien
1954, 32 Seiten, DM 6,40

HEFT 85
Textilforschungsanstalt Krefeld
Physikalische Untersuchungen an Fasern, Fäden, Garnen und Geweben:
Untersuchungen am Knickscheuergerät nach Weltzien
1954, 40 Seiten, 11 Abb., 8 Tabellen, DM 10,—

HEFT 86
Prof. Dr.-Ing. H. Opitz, Aachen
Untersuchungen über das Fräsen von Baustahl sowie über den Einfluß des Gefüges auf die Zerspanbarkeit
1954, 108 Seiten, 73 Abb., 7 Tabellen, DM 22,—

HEFT 87
Gemeinschaftsausschuß Verzinken, Düsseldorf
Untersuchungen über Güte von Verzinkungen
1954, 68 Seiten, 56 Abb., 3 Tabellen, DM 15,30

HEFT 88
Gesellschaft für Kohlentechnik mbH., Dortmund-Eving
Oxydation von Steinkohle mit Salpetersäure
1954, 62 Seiten, 2 Abb., 1 Tabelle, DM 11,50

HEFT 89
Verein Deutscher Ingenieure, Gleitlagerforschung, Düsseldorf und Prof. Dr.-Ing. G. Vogelpohl, Göttingen
Versuche mit Preßstoff-Lagern für Walzwerke
1954, 70 Seiten, 34 Abb., DM 14,10

HEFT 90
Forschungs-Institut der Feuerfest-Industrie, Bonn
Das Verhalten von Silikasteinen im Siemens-Martin-Ofengewölbe
1954, 62 Seiten, 15 Abb., 11 Tabellen, DM 11,90

HEFT 91
Forschungs-Institut der Feuerfest-Industrie, Bonn
Untersuchungen des Zusammenhangs zwischen Leistung und Kohlenverbrauch von Kammeröfen zum Brennen von feuerfesten Materialien
1954, 42 Seiten, 6 Abb., DM 8,30

HEFT 92
Techn.-Wissenschaftl. Büro für die Bastfaserindustrie, Bielefeld und Laboratorium für textile Meßtechnik, M.-Gladbach
Messungen von Vorgängen am Webstuhl
1954, 76 Seiten, 45 Abb., DM 15,50

HEFT 93
Prof. Dr. W. Kast, Krefeld
Spinnversuche zur Strukturerfassung künstlicher Zellulosefasern
1954, 82 Seiten, 39 Abb., 6 Tabellen, DM 16,—

HEFT 94
Prof. Dr. G. Winter, Bonn
Die Heilpflanzen des MATTHIOLUS (1611) gegen Infektionen der Harnwege und Verunreinigung der Wunden bzw. zur Förderung der Wundheilung im Lichte der Antibiotikaforschung
1954, 58 Seiten, 1 Abb., 2 Tabellen, DM 11,50

HEFT 95
Prof. Dr. G. Winter, Bonn
Untersuchungen über die flüchtigen Antibiotika aus der Kapuziner- (Tropaeolum maius) und Gartenkresse (Lepidium sativum) und ihr Verhalten im menschlichen Körper bei Aufnahme von Kapuziner- bzw. Gartenkressensalat per os
1955, 74 Seiten, 9 Abb., 25 Tabellen, DM 14,—

HEFT 96
Dr.-Ing. P. Koch, Dortmund
Austritt von Exoelektronen aus Metalloberflächen unter Berücksichtigung der Verwendung des Effektes für die Materialprüfung
1954, 34 Seiten, 13 Abb., DM 7,—

HEFT 97
Ing. H. Stein, Laboratorium für textile Meßtechnik, M.-Gladbach
Untersuchung der Verzugsvorgänge an den Streckwerken verschiedener Spinnereimaschinen
2. Bericht: Ermittlung der Haft-Gleiteigenschaften von Faserbändern und Vorgarnen
1955, 98 Seiten, 54 Abb., DM 21,—

HEFT 98
Fachverband Gesenkschmieden, Hagen
Die Arbeitsgenauigkeit beim Gesenkschmieden unter Hämmern
1955, 132 Seiten, 55 Abb., 9 Tabellen, DM 24,75

HEFT 99
Prof. Dr.-Ing. G. Garbotz, Aachen
Der Kraft- und Arbeitsaufwand sowie die Leistungen beim Biegen von Bewehrungsstählen in Abhängigkeit von den Abmessungen, den Formen und der Güte der Stähle (Ermittlung von Leistungsrichtlinien)
1955, 136 Seiten, 53 Abb., 3 Anlagen, 18 Tabellen, DM 30,—

HEFT 100
Prof. Dr.-Ing. H. Opitz, Aachen
Untersuchungen von elektrischen Antrieben, Steuerungen und Regelungen an Werkzeugmaschinen
1955, 166 Seiten, 71 Abb., 3 Tabellen, DM 31,30

HEFT 101
Prof. Dr.-Ing. H. Opitz, Aachen
Wirtschaftlichkeitsbetrachtungen beim Außenrundschleifen
1955, 100 Seiten, 56 Abb., 3 Tabellen, DM 19,30

HEFT 102
Dr. P. Hölemann, Ing. R. Hasselmann und Ing. G. Dix, Dortmund
Untersuchungen über die thermische Zündung von explosiblen Acetylenzersetzungen in Kapillaren
1954, 44 Seiten, 5 Abb., 4 Tabellen, DM 8,60

HEFT 103
Prof. Dr. W. Weizel, Bonn
Durchführung von experimentellen Untersuchungen über den zeitlichen Ablauf von Funken in komprimierten Edelgasen sowie zu deren mathematischen Berechnung
1955, 46 Seiten, 12 Abb., DM 9,10

HEFT 104
Prof. Dr. W. Weizel, Bonn
Über den Einfluß der Elektroden auf die Eigenschaften von Cadmium-Sulfid-Widerstands-Photozellen
1955, 48 Seiten, 12 Abb., DM 9,45

HEFT 105
Dr.-Ing. R. Meldau, Harsewinkel/Westf.
Auswertung von Gekörn — Analysen des Musterstaubes „Flugasche Fortuna I"
1955, 42 Seiten, 14 Abb., DM 8,50

HEFT 106
O.R.R. Dr.-Ing. W. Küch, Dortmund
Untersuchungen über die Einwirkung von feuchtigkeitsgesättigter Luft auf die Festigkeit von Leimverbindungen
1954, 60 Seiten, 10 Abb., 6 Tabellen, DM 11,40

HEFT 107
Prof. Dr. H. Lange und Dipl.-Phys. P. St. Pütter, Köln
Über die Konstruktion von Laboratoriumsmagneten
1955, 66 Seiten, 19 Abb., 1 Tabelle, DM 12,30

HEFT 108
Prof. Dr. W. Fuchs, Aachen
Untersuchungen über neue Beizmethoden und Beizabwässer
I. Die Entzunderung von Drähten mit Natriumhydrid
II. Die Aufbereitung von Beizabwässern
1955, 82 S., 15 Abb., 14 Tabellen, 1 Falttafel, DM 15,25

HEFT 109
Dr. P. Hölemann und Ing. R. Hasselmann, Dortmund
Untersuchungen über die Löslichkeit von Azetylen in verschiedenen organischen Lösungsmittel
1954, 42 Seiten, 10 Abb., 8 Tabellen, DM 8,30

HEFT 110
Dr. P. Hölemann und Ing. R. Hasselmann, Dortmund
Untersuchungen über den Druckverlauf bei der explosiblen Zersetzung von gasförmigem Azetylen
1955, 54 Seiten, 10 Abb., 5 Tabellen, DM 11,—

HEFT 111
Fachverband Steinzeugindustrie, Köln
Die Entwicklung eines Gerätes zur Beschickung seitlicher Feuer von Steinzeug-Einzelkammeröfen mit festen Brennstoffen
1955, 46 Seiten, 16 Abb., DM 9,40

HEFT 112
Prof. Dr.-Ing. H. Opitz, Aachen
Verschleißmessungen beim Drehen mit aktivierten Hartmetallwerkzeugen
1954, 44 Seiten, 17 Abb., 6 Tabellen, DM 8,80

HEFT 113
Prof. Dr. O. Graf, Dortmund
Erforschung der geistigen Ermüdung und nervösen Belastung: Studien über die vegetative 24-Stunden-Rhythmik in Ruhe und unter Belastung
1955, 40 Seiten, 12 Abb., DM 8,20

HEFT 114
Prof. Dr. O. Graf, Dortmund
Studien über Fließarbeitsprobleme an einer praxisnahen Experimentieranlage
1954, 34 Seiten, 6 Abb., DM 7,—

HEFT 115
Prof. Dr. O. Graf, Dortmund
Studium über Arbeitspausen in Betrieben bei freier und zeitgebundener Arbeit (Fließarbeit) und ihre Auswirkung auf die Leistungsfähigkeit
1955, 50 Seiten, 13 Abb., 2 Tabellen, DM 9,80

HEFT 116
Prof. Dr.-Ing. E. Siebel und Dr.-Ing. H. Weiss, Stuttgart
Untersuchungen an einigen Problemen des Tiefziehens — I. Teil
1955, 74 Seiten, 50 Abb., 5 Tabellen, DM 14,50

HEFT 117
Dr.-Ing. H. Beißwänger, Stuttgart, und Dr.-Ing. S. Schwandt, Trier
Untersuchungen an einigen Problemen des Tiefziehens — II. Teil
1955, 92 Seiten, 34 Abb., 8 Tabellen, DM 17,70

HEFT 118
Prof. Dr. E. A. Müller und Dr. H. G. Wenzel, Dortmund
Neuartige Klima-Anlage zur Erzeugung ungleicher Luft- und Strahlungstemperaturen in einem Versuchsraum
1955, 68 Seiten, 10 z. T. mehrfarb. Abb., DM 14,—

HEFT 119
Dr.-Ing. O. Viertel, Krefeld
Wäscherei- und energietechnische Untersuchung einer Gemeinschafts-Waschanlage
1955, 50 Seiten, 18 Abb., DM 10,20

HEFT 120
Dipl.-Ing. A. Weisbecker, Lüdenscheid
Über Anfressung an Reinstaluminium-Schweißnähten bei der elektrolytischen Oxydation
Gebr. Hörstermann GmbH., Velbert
Entwicklung und Erprobung eines neuartigen Gummibandförderers
1955, 46 Seiten, 18 Abb., DM 9,70

HEFT 121
Dr. H. Krebs, Bonn
I. Die Struktur und die Eigenschaften der Halbmetalle
II. Die Bestimmung der Atomverteilung in amorphen Substanzen
III. Die chemische Bindung in anorganischen Festkörpern und das Entstehen metallischer Eigenschaften
1955, 124 Seiten, 36 Abb., 13 Tabellen, DM 22,90

HEFT 122
Prof. Dr. W. Fuchs, Aachen
Untersuchungen zur Verbesserung der Wasseraufbereitung und Wasseranalyse:
Über die Schnellbewertung von Ionenaustauscher
1955, 62 Seiten, 32 Abb., DM 12,30

HEFT 123
Dipl.-Ing. J. Emondts, Aachen
Über Bodenverformungen bei stark gestörtem und mächtigem, wasserführendem Deckgebirge im Aachener Steinkohlengebiet
1955, 196 Seiten, 37 Abb., 10 Tabellen, DM 28,80

HEFT 124
Prof. Dr. R. Seyffert, Köln
Wege und Kosten der Distribution der Hausratwaren im Lande Nordrhein-Westfalen
1955, 74 Seiten, 25 Tabellen, DM 9,—

HEFT 125
Prof. Dr. E. Kappler, Münster
Eine neue Methode zur Bestimmung von Kondensations-Koeffizienten von Wasser
1955, 46 Seiten, 11 Abb., 1 Tabelle, DM 9,10

HEFT 126
Prof. Dr.-Ing. J. Mathieu, Aachen
Arbeitszeitvergleich
Grundlagen, Methodik und praktische Durchführung
1955, 70 Seiten, DM 13,—

HEFT 127
Güteschutz Betonstein e. V., Arbeitskreis Nordrhein-Westfalen, Dortmund
Die Betonwaren-Gütesicherung im Lande Nordrhein-Westfalen
1955, 58 Seiten, 15 Abb., 3 Tabellen, DM 11,50

HEFT 128
Prof. Dr. O. Schmitz-DuMont, Bonn
Untersuchungen über Reaktionen in flüssigem Ammoniak
1955, 96 Seiten, 11 Abb., 6 Tabellen, DM 17,75

HEFT 129
Prof. Dr.-Ing. J. Mathieu und Dr. C. A. Roos, Aachen
Die Anlernung von Industriearbeitern
I. Ergebnisse einer grundsätzlichen Untersuchung der gegenwärtigen Industriearbeiter-Kurzanlernung
1955, 106 Seiten, DM 19,70

HEFT 130
Prof. Dr.-Ing. J. Mathieu und Dr. C. A. Roos, Aachen
Die Anlernung von Industriearbeitern
II. Beiträge zur Methodenfrage der Kurzanlernung
1955, 108 Seiten, DM 19,90

HEFT 131
Dr. W. Hoerburger, Köln
Versuche zur Biosynthese von Eiweiß aus Kohlenwasserstoff
1955, 34 Seiten, 2 Abb., DM 6,90

HEFT 132
Prof. Dr. W. Seith, Münster
Über Diffusionserscheinungen in festen Metallen
1955, 42 Seiten, 19 Abb., 4 Tabellen, DM 9,10

HEFT 133
Prof. Dr. E. Jenckel, Aachen
Über einen für Schwermetalle selektiven Ionenaustauscher
1955, 48 Seiten, 8 Abb., 13 Tabellen, DM 9,50

HEFT 134
Prof. Dr.-Ing. H. Winterhager, Aachen
Über die elektrochemischen Grundlagen der Schmelzfluß-Elektrolyse von Bleisulfid in geschmolzenen Mischungen mit Bleichlorid
1955, 54 Seiten, 20 Abb., 5 Tabellen, DM 11,80

HEFT 135
Prof. Dr.-Ing. K. Krekeler und Dr.-Ing. H. Peukert, Aachen
Die Änderung der mechanischen Eigenschaften thermoplastischer Kunststoffe durch Warmrecken
1955, 54 Seiten, 27 Abb., DM 11,10

HEFT 136
Dipl.-Phys. P. Pilz, Remscheid
Über spezielle Probleme der Zerkleinerungstechnik von Weichstoffen
1955, 58 Seiten, 19 Abb., 2 Tabellen, DM 11,50

HEFT 137
Prof. Dr. W. Baumeister, Münster
Beiträge zur Mineralstoffernährung der Pflanzen
1955, 64 Seiten, 6 Tabellen, DM 11,80

HEFT 138
Dr. P. Hölemann und Ing. R. Hasselmann, Dortmund
Untersuchungen über die Zersetzungswärme von gasförmigem und in Azeton gelöstem Azetylen
1955, 54 Seiten, 8 Abb., 7 Tabellen, DM 10,40

HEFT 139
Prof. Dr. W. Fuchs, Aachen
Studien über die thermische Zersetzung der Kohle und die Kohlendestillatprodukte
1955, 64 Seiten, 20 Abb., 22 Tabellen, DM 11,80

HEFT 140
Dr.-Ing. G. Hausberg, Essen
Modellversuche an Zyklonen
1955, 78 Seiten, 24 Abb., DM 15,70

HEFT 141
Dr. J. van Calker und Dr. R. Wienecke, Münster
Untersuchungen über den Einfluß dritter Analysenpartner auf die spektrochemische Analyse
1955, 42 Seiten, 15 Abb., DM 9,10

HEFT 142
Dipl.-Ing. G. M. F. Wiebel, Hannover, A. Konermann und A. Ottenheym, Sennelager
Entwicklung eines Kalksandleichtsteines
1955, 38 Seiten, 4 Abb., DM 8,—

HEFT 143
Prof. Dr. F. Wever, Dr. A. Rose und Dipl.-Ing. W. Straßburg, Düsseldorf
Härtbarkeit und Umwandlungsverhalten der Stähle
1955, 50 Seiten, 12 Abb., 3 Tabellen, DM 10,70

HEFT 144
Prof. Dr. H. Wurmbach, Bonn
Steuerung von Wachstum und Formbildung
1955, 48 Seiten, 19 Abb., DM 10,30

HEFT 145
Dr. G. Hennemann, Werdohl (Westf.)
Beitrag zur Interpretation der modernen Atomphysik
1955, 34 Seiten, DM 10,—

HEFT 146
Dr.-Ing. F. Gruß, Düsseldorf
Sterilisation mit Heißluft
1955, 34 Seiten, 10 Abb., DM 7,70

HEFT 147
Dr.-Ing. W. Rudisch, Unna
Untersuchung einer drehelastischen Elektromagnet-Synchronkupplung
1955, 82 Seiten, 65 Abb., DM 17,70

HEFT 148
Prof. Dr. H. Bittel u. Dipl.-Phys. L. Storm, Münster
Untersuchungen über Widerstandsrauschen
1955, 40 Seiten, 5 Abb., DM 8,40

HEFT 149
Dipl.-Ing. K. Konopicky und Dipl.-Chem. P. Kampa, Bonn
I. Beitrag zur flammenphotometrischen Bestimmung des Calciums.
Dr.-Ing. K. Konopicky, Bonn
II. Die Wanderung von Schlackenbestandteilen in feuerfesten Baustoffen
1955, 54 Seiten, 10 Abb., 5 Tabellen, DM 11,—

HEFT 150
Prof. Dr.-Ing. O. Kienzle und Dipl.-Ing. W. Timmerbeil, Hannover
Das Durchziehen enger Kragen an ebenen Fein- und Mittelblechen
1955, 52 Seiten, 20 Abb., 8 Tabellen, DM 11,30

HEFT 151
Dipl.-Ing. P. Karabasch, Aachen
Feststellung des optimalen Gasgehaltes von Bronzen zur Erzielung druckdichter Gußstücke
1956, 64 Seiten, 31 Abb., 5 Tabellen, DM 13,90

HEFT 152
Dipl.-Ing. G. Müller, Köln
Ermittlung der Laufeigenschaften (Vergießbarkeit) von Bronze und Rotguß mittels der Schneider-Gießspirale
1955, 60 Seiten, 33 Abb., DM 13,30

HEFT 153
Prof. Dr. F. Wever, Dr.-Ing. W. A. Fischer und Dipl.-Ing. J. Engelbrecht, Düsseldorf
I. Die Reduktion sauerstoffhaltiger Eisenschmelzen im Hochvakuum mit Wasserstoff und Kohlenstoff
II. Einfluß geringer Sauerstoffgehalte auf das Gefüge und Alterungsverhalten von Reineisen
1955, 54 Seiten, 15 Abb., 2 Tabellen, DM 12,40

HEFT 154
Prof. Dr.-Ing. P. Bardenheuer und Dr.-Ing. W. A. Fischer, Düsseldorf
Die Verschlackung von Titan aus Stahlschmelzen im sauren und basischen Hochfrequenzofen unter verschiedenen Schlacken
1955, 36 Seiten, 10 Abb., 1 Tabelle, DM 7,95

HEFT 155
Dipl.-Phys. K. H. Schirmer, München
Die auf Grau abgestimmte Farbwiedergabe im Dreifarbenbuchdruck
1955, 46 Seiten, 17 Abb., 2 Farbtafeln, DM 10,—

HEFT 156
Prof. Dr.-Ing. B. von Borries und Mitarbeiter, Düsseldorf
Die Entwicklung regelbarer permanentmagnetischer Elektronenlinsen hoher Brechkraft und eines mit ihnen ausgerüsteten Elektronenmikroskopes neuer Bauart
1956, 102 Seiten, 52 Abb., DM 22,55

HEFT 157
Dr. W. Jawtusch, Dr. G. Schuster und Prof. Dr.-Ing. R. Jaeckel, Bonn
Untersuchungen über die Stoßvorgänge zwischen neutralen Atomen und Molekülen
1955, 48 Seiten, 15 Abb., 3 Tabellen, DM 10,50

HEFT 158
Dipl.-Ing. W. Rosenkranz, Meinerzhagen
Ein Beitrag zum Problem der Spannungskorrosion bei Preßprofilen und Preßteilen aus Aluminium-Legierungen
1956, 112 Seiten, 61 Abb., 5 Tabellen, DM 27,40

HEFT 159
Dr.-Ing. O. Viertel und O. Oldenroth, Krefeld
Das Bleichen von Weißwäsche mit Wasserstoffsuperoxyd bzw. Natriumhypochlorit beim maschinellen Waschen
1955, 54 Seiten, 23 Abb., 2 Tabellen, DM 11,45

HEFT 160
Prof. Dr. W. Klemm, Münster
Über neue Sauerstoff- und Fluor-haltige Komplexe
1955, 50 Seiten, 13 Abb., 7 Tabellen, DM 10,80

HEFT 161
Prof. Dr. W. Weltzien und Dr. G. Hauschild, Krefeld
Über Silikone und ihre Anwendung in der Textilveredlung
1955, 162 Seiten, 22 Abb., 10 Tabellen, DM 27,—

HEFT 162
Prof. Dr. F. Wever, Prof. Dr. A. Kochendörfer und Dr.-Ing. Chr. Rohrbach, Düsseldorf
Kennzeichnung der Sprödbruchneigung von Stählen durch Messung der Fließspannung, Reißspannung und Brucheinschnürung an dreiachsig beanspruchten Proben
1955, 58 Seiten, 26 Abb., DM 13,—

HEFT 163
Dipl.-Ing. W. Rohs und Text.-Ing. H. Griese, Bielefeld
Untersuchungsarbeiten zur Verbesserung des Leinenwebstuhls III
1955, 80 Seiten, 15 Abb., 18 Tabellen, DM 15,80

HEFT 164
Dr.-Ing. H. Schmachtenberg, Köln
Neuartige Prüfeinrichtungen für Kraftfahrzeuge
1955, 44 Seiten, 23 Abb., DM 9,60

HEFT 165
Dr.-Ing. W. Wilhelm, Aachen
Instationäre Gasströmung im Auspuffsystem eines Zweitaktmotors
1955, 62 Seiten, 31 Abb., 8 Tabellen, DM 13,60

HEFT 166
Prof. Dr. M. v. Stackelberg, Dr. H. Heindze, Dr. H. Hübschke und Dr. K. H. Frangen, Bonn
Kolloidchemische Untersuchungen
1955, 106 Seiten, 8 Abb., 13 Tabellen, DM 21,25

HEFT 167
Prof. Dr.-Ing. F. Schuster, Essen
I. Über die Heißkarburierung von Brenngasen mit Ölen und Teeren
II. Die Strahlungsvorgänge in brennstoffbeheizten Öfen bei verschiedenen Verbrennungsatmosphären
1955, 38 Seiten, 8 Abb., DM 8,30

HEFT 168
Prof. Dr.-Ing. F. Schuster, Essen
I. Luftvorwärmung an Gasfeuerungen
II. Heizwerthöhe von Brenngasen und Wirkungsgrad sowie Gasverbrauch bei der Gasverwendung
III. Sauerstoffangereicherte Luft und feuerungstechnische Kenngrößen von Brenngasen
1955, 60 Seiten, 18 Abb., DM 12,50

HEFT 169
Forschungsinstitut für Pigmente und Lacke, Stuttgart
Arbeiten über die Bestimmung des Gebrauchswertes von Lackfilmen durch physikalische Prüfungen
1955, 70 Seiten, 23 Abb., 4 Tabellen, DM 15,—

HEFT 170
Prof. Dr. F. Wever, Dr. A. Rose und Dipl.-Ing L. Rademacher, Düsseldorf
Anwendung der Umwandlungsschaubilder auf Fragen der Werkstoffauswahl beim Schweißen und Flammhärten
1955, 64 Seiten, 25 Abb., DM 13,70

WESTDEUTSCHER VERLAG · KÖLN UND OPLADEN

HEFT 171
Wäschereiforschung Krefeld
Untersuchung der Wäscheentwässerung mit Hilfe von Zentrifugen und Pressen
1955, 42 Seiten, 16 Abb., 4 Tabellen, DM 9,70

HEFT 172
Dipl.-Ing. W. Rohs, Dr.-Ing. G. Satlow und Text.-Ing. G. Heller, Bielefeld
Trocknung von Hanfgarnen. Kreuzspultrocknung
1955, 60 Seiten, 7 Abb., 4 Tabellen, DM 10,30

HEFT 173
Prof. Dr. R. Hosemann und Dipl.-Phys. G. Schoknecht, Berlin, vorgelegt von Prof. Dr. W. Kast, Krefeld
Lichtoptische Herstellung und Diskussion der Faltungsquadrate parakristalliner Gitter
1956, 108 Seiten, 63 Abb., 6 Tabellen, DM 24,70

HEFT 174
Prof. Dr. W. von Fragstein, Dr. J. Meingast und H. Hoch, Köln
Herstellung von Solen einheitlicher Teilchengröße und Ermittlung ihrer optischen Eigenschaften
1955, 78 Seiten, 80 Abb., 4 Tabellen, DM 18,25

HEFT 175
Dr.-Ing. H. Zeller, Aachen
Beitrag zur eindimensionalen stationären und nichtstationären Gasströmung mit Reibung und Wärmeleitung, insbesondere in Rohren mit unstetigen Querschnittsänderungen.
1956, 138 Seiten, 56 Abb., DM 29,30

HEFT 176
Dipl.-Ing. H. Schöberl, Duisburg
Über die Methoden zur Ermittlung der Verbrennungstemperatur von Brennstoffen und ein Vorschlag zu ihrer Verbesserung
1955, 30 Seiten, 3 Abb., DM 6,50

HEFT 177
Dipl.-Ing. H. Stüdemann, Solingen, und Dr.-Ing. W. Müchler, Essen
Entwicklung eines Verfahrens zur zahlenmäßigen Bestimmung der Schneideigenschaften von Messerklingen
1956, 104 Seiten, 68 Abb., 4 Tabellen, DM 22,20

HEFT 178
Prof. Dr. M. von Stackelberg u. Dr. W. Hans, Bonn
Untersuchungen zur Ausarbeitung und Verbesserung von polarographischen Analysenmethoden
1955, 46 Seiten, 14 Abb., DM 10,50

HEFT 179
Dipl.-Ing. H. F. Reineke, Bochum
Entwicklungsarbeiten auf dem Gebiete der Meß- und Regeltechnik
1955, 46 Seiten, 10 Abb., DM 10,—

HEFT 180
Dr.-Ing. W. Piepenburg, Dipl.-Ing. B. Bühling und Bauing. J. Behnke, Köln
Putzarbeiten im Hochbau und Versuche mit aktiviertem Mörtel und mechanischem Mörtelauftrag
1955, 116 Seiten, 31 Abb., 68 Tabellen, DM 23,—

HEFT 181
Prof. Dr. W. Franz, Münster
Theorie der elektrischen Leitvorgänge in Halbleitern und isolierenden Festkörpern bei hohen elektrischen Feldern
1955, 28 Seiten, 2 Abb., 1 Tabelle, DM 6,20

HEFT 182
Dr.-Ing. P. Schenk u. Dr. K. Osterloh, Düsseldorf
Katalytisch-thermische Spaltung von gasförmigen und flüssigen Kohlenwasserstoffen zur Spitzengaserzeugung
1955, 50 Seiten, 11 Abb., 11 Tabellen, DM 10,90

HEFT 183
Dr. W. Bornheim, Köln
Entwicklungsarbeiten an Flaschen- und Ampullen-Behandlungsmaschinen für die pharmazeutische Industrie
1956, 48 Seiten, 24 Abb., DM 11,70

HEFT 184
Dr.-Ing. E. Printz, Kettwig
Vollhydraulische Parallel-Kupplung für Ackerschlepper
1955, 32 Seiten, 4 Abb., DM 7,80

HEFT 185
Dipl.-Ing. W. Rohs und Text.-Ing. G. Heller, Bielefeld
Studien an einem neuzeitlichen Kreuzspultrockner für Bastfasergarne mit Wiederbefeuchtungszone
1955, 52 Seiten, 9 Abb., 3 Tabellen, DM 10,70

HEFT 186
Dr. E. Wedekind, Krefeld
Untersuchungen zur Arbeitsbestgestaltung bei der Fertigstellung von Oberhemden in gewerblichen Wäschereien
1955, 124 Seiten, 28 Abb., 6 Tabellen, 2 Falttaf., DM 12,—

HEFT 187
Dipl.-Ing. F. Göttgens, Essen
Über die Eigenarten der Bimetall-, Thermo- und Flammenionisationssicherungsmethode in ihrer Anwendung auf Zündsicherungen
1955, 40 Seiten, 6 Abb., 4 Tabellen, DM 8,40

HEFT 188
W. Kinnebrock, Langenberg (Rhld.)
Der Einfluß des Austausches gleicher Gaskochbrenner bzw. Gaskochbrennerteile auf den Wirkungsgrad und insbesondere auf den CO-Gehalt der Verbrennungsgase
1955, 42 Seiten, 7 Tabellen, DM 8,70

HEFT 189
Fa. E. Leybold's Nachfolger, Köln
I. Ausgewählte Kapitel aus der Vakuumtechnik
II. Zum Verlust anorganisch-nichtflüchtiger Substanzen während der Gefriertrocknung
1955, 52 Seiten, 16 Abb., 3 Tabellen, DM 11,20

HEFT 190
Prof. Dr. A. Neuhaus, Prof. Dr. O. Schmitz-DuMont und Dipl.-Chem. H. Reckhard, Bonn
Zur Kenntnis der Alkalititanate
1955, 60 Seiten, 13 Abb., 1 Tabelle, DM 12,20

HEFT 191
Dr. H. Söhngen, Darmstadt
Schwingungsverhalten eines Schaufelkranzes im Vakuum
1955, 36 Seiten, 7 Abb., DM 7,80

HEFT 192
Dipl.-Phys. E. M. Schneider, München
Kohlebogenlampen für Aufnahme und Kopie
1955, 48 Seiten, 21 Abb., 3 Tabellen, DM 10,60

HEFT 193
Prof. Dr. O. Schmitz-DuMont, Bonn
Untersuchungen über neue Pigmentfarbstoffe
1956, 50 Seiten, 16 Abb., 8 Tabellen, DM 11,20

HEFT 194
Dr. K. Hecht, Köln
Entwicklung neuartiger physikalischer Unterrichtsgeräte
1955, 42 Seiten, 16 Abb., DM 9,90

HEFT 195
Dr.-Ing. E. Rößger, Köln
Gedanken über einen neuen deutschen Luftverkehr
1955, 342 Seiten, 29 Abb., 122 Tabellen, DM 50,—

HEFT 196
Dipl.-Ing. W. Rohs und Text.-Ing. H. Griese, Bielefeld
Auswirkungen von Garnfehlern bei der Verarbeitung von Leinengarnen
1955, 36 Seiten, 3 Abb., 6 Tabellen, DM 7,80

HEFT 197
Dr. E. Wedekind, Krefeld
Untersuchungen zur Bestimmung der optimalen Arbeitsplatzgröße bei Mehrstuhlarbeit in der Weberei
1955, 92 Seiten, 34 Abb., 2 Tabellen, DM 18,50

HEFT 198
Prof. Dr. J. Weissinger, Karlsruhe
Zur Aerodynamik des Ringflügels. Die Druckverteilung dünner, fast drehsymmetrischer Flügel in Unterschallströmung
1955, 42 Seiten, 5 Abb., DM 9,—

HEFT 199
Textilforschungsanstalt Krefeld
Die Messung von Gewebetemperaturen mittels Temperaturstrahlung
1955, 50 Seiten, 12 Abb., DM 10,90

HEFT 200
R. Seipenbusch, Langenberg (Rhld.)
Spitzengas durch Zusatz von Flüssiggas-Wassergas- und Flüssiggas-Generatorgas-Gemischen zu Stadtgas
1955, 48 Seiten, 21 Tabellen, DM 10,35

HEFT 201
Dr.-Ing. E. W. Pleines, Frankfurt/Main
Die Sicherheit im Luftverkehr
1956, 194 Seiten, 39 Abb., 19 Tabellen, DM 39,50

HEFT 202
Dipl.-Ing. D. Fiecke, Stuttgart/Zuffenhausen
Die Bestimmung der Flugzeugpolaren für Entwurfszwecke. I Teil: Unterlagen
1956, 216 Seiten, 171 Diagr., DM 59,70

HEFT 203
Dr. G. Wandel, Bonn
Uferbewachsung und Lebendverbauung an den Nordwestdeutschen Kanälen und ihren Zuflüssen sowie an der Ruhr
1956, 122 Seiten, 88 Abb., DM 25,70

HEFT 204
Dipl.-Ing. B. Naendorf, Langenberg (Rhld.)
Bestimmung der Brenneigenschaften und des Brennverhaltens verschiedener Gasarten und Einfluß verschiedener Düsengestaltung
1955, 32 Seiten, 7 Abb., DM 7,10

HEFT 205
Dr. C. Schaarwächter, Düsseldorf
Über die plastische Kupfer-Eisen-Phosphor-Legierungen
1936, 36 Seiten, 10 Abb., 10 Tabellen, DM 8,30

HEFT 206
Dr. P. Hölemann, Ing. R. Hasselmann und Ing. G. Dix, Dortmund
Untersuchungen über die Vorgänge bei der Zersetzung von in Azeton gelöstem Azetylen
1956, 74 Seiten, 7 Abb., 7 Tabellen, DM 15,55

HEFT 207
Prof. Dr.-Ing. H. Opitz, Dipl.-Ing. K. H. Fröhlich und Dipl.-Ing. H. Siebel, Aachen
Richtwerte für das Fräsen von unlegierten und legierten Baustählen mit Hartmetall. I. Teil
1956, 48 Seiten, 27 Abb., 3 Tabellen, DM 11,10

HEFT 208
Prof. Dr.-Ing. H. Müller, Essen
Untersuchung von Elektrowärmegeräten für Laienbedienung hinsichtlich Sicherheit und Gebrauchsfähigkeit. I. Untersuchungen an Kochplatten
1956, 100 Seiten, 76 Abb., 7 Tabellen, DM 22,70

HEFT 209
Dr. K. Bunge, Leverkusen
Materialabbau in Funkenentladungen. Untersuchungen an Zinkkathoden
1956, 54 Seiten, 10 Abb., 5 Tabellen, DM 11,40

HEFT 210
Dr. W. Porschen und Prof. Dr. W. Riezler, Bonn
Langlebige Alphaaktivitäten bei natürlichen Elementen
1955, 40 Seiten, 5 Abb., 4 Tabellen, DM 8,80

HEFT 211
Prof. Dipl.-Ing. W. Sturtzel und Dr.-Ing. W. Graff, Duisburg
Die Versuchsanstalt für Binnenschiffbau, Duisburg
1956, 48 Seiten, 22 Abb., 11,—

HEFT 212
Dipl.-Ing. H. Spodig, Selm
Untersuchung zur Anwendung der Dauermagnete in der Technik
1955, 44 Seiten, 25 Abb., DM 9,80

HEFT 213
Dipl.-Ing. K. F. Rittinghaus, Aachen
Zusammenstellung eines Meßwagens für Bau- und Raumakustik
1957, 96 Seiten 17 Abb., 7 Tabellen DM 19,80

HEFT 214
Dr.-Ing. J. Endres, München
Berechnung der optimalen Leistungen, Kraftstoffverbräuche und Wirkungsgrade von Einkreis-Turbolader-Strahltriebwerken am Boden und in der Höhe bei Fluggeschwindigkeiten von 0—2000 km/h
1956, 72 Seiten, 18 Abb., 8 Tabellen, DM 15,40

HEFT 215
Prof. Dr.-Ing. H. Opitz und Dr.-Ing. G. Weber, Aachen
Einfluß der Wärmebehandlung von Baustählen auf Spanentstehung, Schnittkraft- und Standzeitverhalten
1956, 80 Seiten, 30 Abb., 10 Tabellen, DM 18,40

HEFT 216
Dr. E. Kloth, Köln
Untersuchungen über die Ausbreitung kurzer Schallimpulse bei der Materialprüfung mit Ultraschall
1956, 90 Seiten, 60 Abb., 4 Tabellen, DM 19,40

HEFT 217
Rationalisierungskuratorium der Deutschen Wirtschaft (RKW), Frankfurt/Main
Typenvielzahl bei Haushaltgeräten und Möglichkeiten einer Beschränkung
1956, 328 Seiten, 2 Abb., 181 Tabellen, DM 49,50

HEFT 218
Dr. F. Keune, Aachen
Bericht über eine Theorie der Strömung um Rotationskörper ohne Anstellung bei Machzahl Eins
1955, 40 Seiten, 8 Abb., 5 Formelblätter, DM 8,80

WESTDEUTSCHER VERLAG · KÖLN UND OPLADEN

HEFT 219
Prof. Dr. W. Fuchs, Aachen
Untersuchungen zur Holzabfallverwertung und zur Chemie des Lignins
1955, 54 Seiten, 11 Abb., 15 Tabellen DM 11,40

HEFT 220
Prof. Dr. W. Fuchs, Aachen
Die Entwicklung neuer Regel- und Kontroll-Apparate zur coulometrischen Analyse
1956, 76 Seiten, 17 Abb. 23 Tabellen, DM 15,50

HEFT 221
Dr. W. Meyer-Eppler, Bonn
Experimentelle Untersuchungen zum Mechanismus von Stimme und Gehör in der lautsprachlichen Kommunikation *1955, 56 Seiten, 24 Abb., DM 13,45*

HEFT 222
Dr. L. Köllner, Münster, und Dipl.-Volkswirt M. Kaiser, Bochum
Die internationale Wettbewerbsfähigkeit der westdeutschen Wollindustrie *1956, 214 Seiten, DM 39,50*

HEFT 223
Dr.-Ing. K. Alberti und Dr. F. Schwarz, Köln
Über das Problem Hartbrand-Weichbrand
1956, 54 Seiten, 25 Abb., 14 Tabellen, DM 12,10

HEFT 224
Dipl.-Ing. H. Stüdemann und Ing. R. Beu, Solingen
Verfahren zur Prüfung der Korrosionsbeständigkeit von Messerklingen aus rostfreiem Stahl
1956, 82 Seiten, 28 Abb., DM 16,90

HEFT 225
Dr.-Ing. E. Barz, Remscheid
Der Spannungszustand von Gattersägeblättern
1956, 74 Seiten, 54 Abb., DM 16,50

HEFT 226
Technisch-wissenschaftliches Büro für die Bastfaserindustrie, Bielefeld
Untersuchungen zur Verbesserung des Leinenwebstuhles IV
Die Wirkung verschiedener Kettbaumbremsen auf die Verwebung von Leinengarnen
1956, 64 Seiten, 9 Abb., 4 Tabellen, DM 13,50

HEFT 227
Prof. Dr. F. Wever, Düsseldorf und Dr. W. Wepner, Köln
Untersuchung der Alterungsneigung von weichen unlegierten Stählen durch Härteprüfung bei Temperaturen bis 300 Grad C
1956, 34 Seiten, 20 Abb., 3 Tabellen, DM 7,95

HEFT 228
Prof. Dr. F. Wever, Dr. W. Koch, Düsseldorf, und Dr. B. A. Steinkopf, Dortmund
Spektrochemische Grundlagen der Analyse von Gemischen aus Kohlenmonoxyd, Wasserstoff und Stickstoff *1956, 42 Seiten, 18 Abb., 1 Tabelle, DM 9,90*

HEFT 229
Prof. Dr. F. Wever, Dr. W. Koch und Dr.-Ing. H. Malissa, Düsseldorf
Über die Anwendung disubstituierter Dithiocarbamate der analytischen Chemie
1956, 44 Seiten, 30 Abb., 5 Tabellen, DM 10,50

HEFT 230
Prof. Dr. F. Wever, Düsseldorf, und Dr. W. Wepner, Köln
Bestimmung kleiner Kohlenstoffgehalte im Alpha-Eisen durch Dämpfungsmessung
1956, 34 Seiten, 5 Abb., 2 Tabellen, DM 7,70

HEFT 231
Dr.-Ing. W. Küch, Dortmund
Über die Wechselwirkung zwischen Holzschutzbehandlung und Verleimung
1956, 48 Seiten, 10 Abb., 8 Tabellen, DM 10,40

HEFT 232
Prof. Dr.-Ing. O. Kienzle, Hannover, und Dr.-Ing. H. Münnich, Schweinfurt
Feststellung der Spannungen und Dehnungen und Bruchdrehzahlen der unter Fliehkraft und Bearbeitungskraft beanspruchten Schleifkörper
in Vorbereitung

HEFT 233
Dr. H. Haase, Hamburg
Infrarot-Bibliographie *1956, 90 Seiten, DM 17,80*

HEFT 234
Dr.-Ing. K. G. Speith und Dr.-Ing. A. Bungeroth, Duisburg
Versuche zur Steigerung des Kokillen-Schluckvermögens beim Stranggießen von Stahl
1956, 26 Seiten, 5 Abb., DM 6,15

HEFT 235
Prof. Dr.-Ing. K. Leist und Dipl.-Ing. W. Dettmering, Aachen
Turbinenschaufeln aus Kunststoff für Kaltluftversuchsanlagen
1956, 46 Seiten, 43 Abb., 3 Tabellen, DM 12,30

HEFT 236
Dr.-Ing. O. Viertel und S. Lucas, Krefeld
Ergebnisse einer Hausfrauenbefragung über Wascheinrichtungen und Waschmethoden in städtischen Haushaltungen
1956, 34 Seiten, 4 Abb., DM 7,60

HEFT 237
Dr. P. Endler und Dr. H. Ludes, Köln
Bericht über eine Studienreise zur Orientierung der heutigen Behandlung der Lungentuberkulose in den Vereinigten Staaten von Nordamerika
1956, 32 Seiten, DM 7,10

HEFT 238
Institut für textile Meßtechnik, M.-Gladbach, e. V.
Untersuchungen der Verzugsvorgänge an den Streckwerken verschiedener Spinnereimaschinen. 3. Bericht: Theoretische Betrachtungen über den Einfluß schlagender Zylinder und Druckrollen
1956, 66 Seiten, 21 Abb., DM 14,10

HEFT 239
Prof. Dr.-Ing. K. Leist, Dipl.-Ing. H. Scheele, Aachen, und Dipl.-Ing. F. H. Flottmann, Herne
Versuche an einem neuartigen luftgekühlten Hochleistungs-Kolbenkompressor
1956, 72 Seiten, 19 Abb., 7 Tabellen, DM 14,40

HEFT 240
Prof. Dr.-Ing. K. Leist und Dipl.-Ing. H. Scheele, Aachen
Temperaturmessungen an einem einstufigen luftgekühlten 4-Zylinder-Kolbenkompressor mit Kühlgebläse *1956, 74 Seiten, 36 Abb., DM 14,80*

HEFT 241
Prof. Dr.-Ing. K. Leist und Dipl.-Ing. M. Pötke, Aachen
Leistungsversuche an einem Kühlluftgebläse
1956, 60 Seiten, 13 Abb., DM 11,70

HEFT 242
Prof. Dr.-Ing. K. Leist und Dipl.-Ing. K. Graf, Aachen
Straßenfahrzeuge mit Gasturbinenantrieb
1956, 82 Seiten, 63 Abb., DM 17,20

HEFT 243
Prof. Dr.-Ing. K. Leist und Dipl.-Ing. S. Förster, Aachen
Die französische Kleingasturbine Artouste — 1. Teil
1956, 80 Seiten, 41 Abb., DM 15,85

HEFT 244
Prof. Dr. F. Wever, Dr. W. Koch und Dr. S. Eckhard, Düsseldorf
Erfahrungen mit der spektrochemischen Analyse von Gefügebestandteilen des Stahles
1956, 32 Seiten, 8 Abb., 2 Tabellen, DM 7,80

HEFT 245
Prof. Dr.-Ing. habil. K. Krekeler, Aachen
Das Verbinden von Metallen durch Kunstharzkleber. Teil I: Eigenschaften und Verwendung der Metallklebstoffe *1956, 48 Seiten, 8 Abb., DM 10,25*

HEFT 246
Prof. Dr.-Ing. habil. K. Krekeler, Aachen
Das Verbinden von Metallen durch Kunstharzkleber. Teil II: Untersuchungen an geklebten Leichtmetall-Verbindungen *1956, 80 Seiten, 40 Abb., DM 17,50*

HEFT 247
Dr. H. Söhngen, Darmstadt
Strömung vor einem Überschall-Laufrad
1956, 26 Seiten, 4 Abb., DM 7,60

HEFT 248
Rheinische Aktiengesellschaft für Braunkohlenbergbau und Brikettfabrikation, Köln
Untersuchung der Bindemitteleigenschaften von Braunkohlenfilteraschen
1956, 176 Seiten, 26 Abb., 30 Tabellen, DM 35,60

HEFT 249
Dr. M.-E. Meffert, Essen
Weitere Kulturversuche Scenedesmus obliquus
1956, 36 Seiten, 5 Abb., 10 Tabellen, DM 8,—

HEFT 250
Dr. F. Schwarz und Dr.-Ing. K. Alberti, Köln
Entwicklung von Untersuchungsverfahren zur Gütebeurteilung von Industriekalken
1956, 36 Seiten, 9 Abb., DM 16,50

HEFT 251
Prof. Dr. H. Bittel, Münster
Zur Statistik der ferromagnetischen Elementarvorgänge und ihren Einfluß auf das Barkhausenrauschen
1956, 52 Seiten, 14 Abb., DM 11,65

HEFT 252
Dipl.-Ing. H. Frings, Geilenkirchen
Die Wirkung abfallender Wetterführung auf Wettertemperatur, Grubengasgehalt und Staubbildung
1957, 126 Seiten, 23 Abb., 13 Falttafeln, 38 Tab., DM 35,70

HEFT 253
Dipl.-Ing. S. Schirmanski, Berghausen
Stand und Auswertung der Forschungsarbeiten über Temperatur- und Feuchtigkeitsgrenzen bei der bergmännischen Arbeit
1957, 80 Seiten, 24 Abb., 12 Tab., DM 17,10

HEFT 254
Prof. Dr. R. Danneel, Bonn
Quantitative Untersuchungen über die Entwicklung des Ehrlich-Ascitestumors bei Inzuchtmäusen
1956, 52 Seiten, 17 Tabellen, DM 11,75

HEFT 255
Ing. B. v. Schlippe, Bad Nauheim
Strömungsvorgänge in Flüssigkeiten mit temperaturabhängiger Zähigkeit (Kühlung von Öfen)
1956, 54 Seiten, 12 Abb., 4 Tabellen, DM 11,70

HEFT 256
Prof. Dr. C. Schmieden und Dipl.-Math. K. H. Müller, Darmstadt
Die Strömung einer Quellstrecke im Halbraum — eine strenge Lösung der Navier-Stokes-Gleichungen
1956, 40 Seiten, 9 Abb., DM 8,80

HEFT 257
Prof. Dr. G. Lehmann und Dr. J. Tamm, Dortmund
Die Beeinflussung vegetativer Funktionen des Menschen durch Geräusche
1956, 48 Seiten, 25 Abb., 3 Tabellen, DM 11,20

HEFT 258
Dr. H. Paul, Linz (Rhein), und Prof. Dr. O. Graf, Dortmund
Zur Frage der Unfälle im Bergbau
1956, 52 Seiten, 9 Abb., 22 Tabellen, DM 11,20

HEFT 259
Prof. D. W. Linke, Aachen
Strömungsvorgänge in künstlich belüfteten Räumen
1956, 52 Seiten, 37 Abb., 1 Tabelle, DM 11,80

HEFT 260
Prof. Dr. W. Kast, Freiburg (Br.), Prof. Dr. A. H. Stuart und Dipl.-Phys. H. G. Fendler, Hannover
Lichtzerstreuungsmessungen an Lösungen hochpolymerer Stoffe
1956, 70 Seiten, 25 Abb., 5 Tabellen, DM 15,60

HEFT 261
Prof. Dr. W. Kast, Freiburg (Br.)
Feinstruktur-Untersuchungen an künstlichen Zellulosefasern verschiedener Herstellungsverfahren. Teil II: Der Kristallisationszustand
1956, 80 Seiten, 27 Abb., 11 Tabellen, DM 17,20

HEFT 262
Dr.-Ing. W. Batel, Aachen
Untersuchungen zur Absiebung feuchter, feinkörniger Haufwerke und Schwingsieben
1956, 100 Seiten, 45 Abb., 5 Tabellen, DM 23,40

HEFT 263
Prof. Dr. H. Lange und Dipl.-Phys. R. Kohlhaas, Köln
Über die Wärmeleitfähigkeit von Stählen bei hohen Temperaturen: Teil I: Literaturbericht
1956, 48 Seiten, 26 Abb., 8 Tabellen, DM 10,70

HEFT 264
Prof. Dr. W. Weizel, Bonn
Durch schnelle Funkenzusammenbrüche ausgelöste Signale auf einer Leitung
1956, 26 Seiten, 4 Abb., 3 Tabellen, DM 6,10

HEFT 265
Prof. Dr. F. Micheel und Dr. R. Engel, Münster
Eine Apparatur zur elektrophoretischen Trennung von Stoffgemischen
1956, 38 Seiten, 21 Abb., DM 9,20

HEFT 266
Fliesen-Beratungsstelle Bad Godesberg-Mehlem
Güteeigenschaften keramischer Wand- und Bodenfliesen und deren Prüfmethoden
1956, 32 Seiten, DM 7,10

HEFT 267
Prof. Dr. W. Weizel und B. Brandt, Bonn
Zur Stabilität stromstarker Glimmentladungen
1956, 36 Seiten, 7 Abb., DM 8,40

WESTDEUTSCHER VERLAG · KÖLN UND OPLADEN

HEFT 268
Prof. Dr.-Ing. G. Vogelpohl, Göttingen
Über die Tragfähigkeit von Gleitlagern und ihre Berechnung
1956, 76 Seiten, 24 Abb., 7 Tabellen, DM 16,85

HEFT 269
Markscheider R. Bals, Bochum
Eignung des Gebirgsankerausbaus zur Erleichterung des Streckenvortriebs im Steinkohlenbergbau
1956, 84 Seiten, 41 Abb., DM 18,75

HEFT 270
Dr. H. Krebs und Mitarbeiter, Bonn
Die Trennung von Racematen auf chromatographischem Wege
1956, 62 Seiten, 18 Tabellen, DM 12,95

HEFT 271
Prof. Dr.-Ing. H. Opitz und Dipl.-Ing. H. Axer, Aachen
Beeinflussung des Verschleißverhaltens bei spanenden Werkzeugen durch flüssige und gasförmige Kühlmittel und elektrische Maßnahmen
1956, 46 Seiten, 28 Abb., DM 10,70

HEFT 272
Prof. Dr. W. Fuchs und Dr. H. Dresia, Aachen
Untersuchungen über die Schnellverbrennung und Schnellvergasung fester Brennstoffe
1956, 56 Seiten, 14 Abb., 3 Tabellen, DM 11,90

HEFT 273
Fa. K. W. Tacke G.m.b.H., Wuppertal-Barmen
Erfahrungen beim Verspinnen von Perlonfasern und bei der Herstellung von Trikotagen aus gesponnenem Perlon
1956, 36 Seiten, DM 7,90

HEFT 274
Prof. Dr.-Ing. K. Krekeler, Aachen
Qualitative Untersuchungen bei Verbindungsschweißungen mittels Lichtbogenschweißautomaten unter Verwendung von Blankdraht und Zugabe von ferromagnetischem Pulver als Umhüllung
1956, 68 Seiten, 40 Abb., 8 Tabellen, DM 15,45

HEFT 275
Prof. Dr.-Ing. habil. K. Krekeler, Aachen, und Dipl.-Ing. H. Verhoeven, Aachen
Quantitative Untersuchungen von Punktschweißverbindungen an Tiefzieh- und Aluminiumblechen, die nach dem Argonarc-Punktschweißverfahren hergestellt werden
1956, 64 Seiten, 45 Abb., DM 14,60

HEFT 276
Fa. E. Haage, Mülheim (Ruhr)
Entwicklungsarbeiten im Apparatebau für Laboratorien
1956, 48 Seiten, 18 Abb., DM 10,50

HEFT 277
Dr.-Ing. W. Müchler, Essen
Untersuchung und zahlenmäßige Bestimmung der Schneideigenschaften von Messern mit besonderer Berücksichtigung rostfreier Messerstähle
1956, 60 Seiten, 27 Abb., 5 Tabellen, DM 13,20

HEFT 278
Dipl.-Ing. J. Stelter und Dipl.-Ing. H. Kickert, Aachen
I. Sichtbarmachung von Ultraschallfeldern unter Verwendung photographischer Emulsionsschichten
II. Methode zur Bestimmung der wirklichen Temperaturverhältnisse in Flüssigkeiten während der Beschallung (Nach einer Diplom-Arbeit von H. Schnitzler)
1956, 54 Seiten, 24 Abb., DM 12,75

HEFT 279
Dr. F. Keune, Aachen
Der gewölbte und verwundene Tragflügel ohne Dicke in Schallnähe
1956, 42 Seiten, 15 Abb., DM 9,25

HEFT 280
Dipl.-Ing. J. Stelter und Dipl.-Ing. E. Pfende, Aachen
Über Störerscheinungen bei Schallgeschwindigkeitsmessungen mittels der Interferometermethode
1956, 42 Seiten, 13 Abb., DM 9,60

HEFT 281
Prof. Dr.-Ing. K. Lürenbaum, Aachen
Der Meßwagen des Instituts für Maschinen-Dynamik der Deutschen Versuchsanstalt für Luftfahrt, Aachen
1956, 34 Seiten, 17 Abb., DM 8,60

HEFT 282
Bergrat a. D. Scherer, Bochum
Das B. T.-Schwelverfahren und seine Anwendung auf der Anlage Marienau
1956, 44 Seiten, 7 Abb., DM 9,60

HEFT 283
Prof. Dr. F. Wever und Dr.-Ing. W. Lueg, Düsseldorf
Warmstauchversuche zur Ermittlung der Formänderungsfestigkeit von Gesenkschmiede-Stählen
1956, 44 Seiten, 19 Abb., DM 9,90

Heft 284
Prof. Dr. F. Wever, Düsseldorf, Dr.-Ing. H. J. Wiester, Essen, Dr.-Ing. F. W. Straßburg, Duisburg, Prof. Dr.-Ing. H. Opitz, Aachen, und Dr.-Ing. K. H. Fröhlich, Köln
Einfluß des Gefüges auf die Zerspanbarkeit von Einsatz- und Vergütungsstählen
1957, 88 Seiten, 126 Abb., 11 Tab., DM 22,45

HEFT 285
Prof. Dr.-Ing. O. Kienzle, Dr.-Ing. K. Lange, Hannover, und Dipl.-Ing. H. Meinert, Osterode
Einfluß der Oberfläche auf das Verschleißverhalten von Schmiedegesenken
1956, 62 Seiten, 29 Abb., 8 Tabellen, DM 14,60

HEFT 286
Dr.-Ing. K. Lange, Hannover, Dipl.-Ing. H. Meinert, Osterode, unter Mitarbeit von Dr.-Ing. H. Arend, Mülheim (Ruhr)
Verschleißverhalten hartverchromter Schmiedegesenke
1956, 74 Seiten, 53 Abb., 6 Tabellen, DM 17,65

HEFT 287
Prof. Dr.-Ing. habil. K. Krekeler, Aachen
Änderungen der mechanischen Eigenschaftswerte thermoplastischer Kunststoffe bei Beanspruchung in verschiedenen Medien
1956, 62 Seiten, 23 Abb., 5 Tabellen, DM 13,70

HEFT 288
Dr. K. Brücker-Steinkuhl, Düsseldorf
Anwendung mathematisch-statischer Verfahren in der Industrie
1956, 103 Seiten, 27 Abb., 14 Tabellen, DM 24,20

HEFT 289
Prof. Dr.-Ing. H. Winterhager, Aachen
Kombinierter Widerstands- und Lichtbogen-Vakuumofen zur Verarbeitung von Titanschwamm
Prof. Dr. Dr. h. c. R. Schwarz, Aachen
Erforschung neuer Wege zur Darstellung von Titanmetall
1957, 42 Seiten, 18 Abb., DM 9,70

HEFT 290
Dr. D. Horstmann, Düsseldorf
I. Der verstärkte Angriff des Zinks auf Eisen im Temperaturgebiet um 500° C
II. Einfluß eines Antimongehaltes auf den Angriff von Zinkschmelzen auf Eisen
1956, 48 Seiten, 33 Abb., 3 Tabellen, DM 11,90

HEFT 291
Dr.-Ing. H. J. Wiester und Dr. D. Horstmann, Düsseldorf
Der Angriff eisengesättigter Zinkschmelzen auf silizium- und manganhaltiges Eisen
1956, 52 Seiten, 45 Abb., 8 Tabellen, DM 12,60

HEFT 292
Dipl.-Ing. W. Rohs und Text.-Ing. H. Griese, Bielefeld
Webversuche an Leinenwebstühlen mit verbesserter Schaftbewegung
1956, 34 Seiten, 3 Abb., 2 Tabellen, DM 7,60

HEFT 293
Prof. J. W. Korte, unter Mitarbeit von Dipl.-Ing. P. A. Mäcke und Dipl.-Ing. W. Leutzbach, Aachen
Die Leistungsfähigkeit von Verkehrsanlagen des motorisierten innerstädtischen Straßenverkehrs
1956, 98 Seiten, 35 Abb., 5 Tabellen, 1 Falttafel, DM 22,50

HEFT 294
Dipl.-Ing. B. Naendorf, Essen
Untersuchungen industrieller Gasbrenner
1956, 58 Seiten, 6 Abb., 3 Tabellen, DM 12,40

HEFT 295
Prof. Dr.-Ing. H. Opitz und Dipl.-Ing. H. Axer, Aachen
Untersuchung und Weiterentwicklung neuartiger elektrischer Bearbeitungsverfahren
1956, 42 Seiten, 27 Abb., DM 10,30

HEFT 296
Prof. Dr.-Ing. H. Opitz, Aachen
I. Untersuchungen an elektronischen Regelantrieben
II. Statische Untersuchungen zur Ausnutzung von Drehbänken
1956, 46 Seiten, 18 Abb., DM 10,40

HEFT 297
Dr. K. Schaarwächter, Düsseldorf
Die Reduktion von Siliziumtetrachlorid im Lichtbogen zur nachfolgenden Silizierung von Eisenblechen
in Vorbereitung

HEFT 298
Prof. Dr.-Ing. E. Oehler, Aachen
Untersuchung von kritischen Drehzahlen, die durch Kreiselmomente verursacht werden
1956, 50 Seiten, 35 Abb., DM 13,15

HEFT 299
Dr. J. Fassbender und W. Hoppe, Bonn
Eine photoelektrische Nachlaufeinrichtung für Analogie-Rechenmaschinen
1956, 20 Seiten, 8 Abb., DM 7,65

HEFT 300
Prof. Dr. E. Schütz und Privatdozent Dr. H. Caspers, Münster
Tierexperimentelle Untersuchungen über die Alkoholwirkungen auf Erregbarkeit und bioelektrische Spontanaktivität der Hirnrinde
1956, 44 Seiten, 6 Abb., 1 Tabelle, DM 9,55

HEFT 301
Prof. Dr. W. Weltzien, Dr. G. Cossmann und P. Diehl, Krefeld
Über die fraktionierte Füllung von Polyamiden (II)
1956, 54 Seiten, 1 Abb., 16 Tabellen, DM 11,30

HEFT 302
Prof. Dr.-Ing. W. Wegener und Dipl.-Ing. W. Zahn, Aachen
Untersuchungen von gesponnenen Garnen auf ihre Gleichmäßigkeit nach verschiedenen Meßmethoden
1957, 58 Seiten, 34 Abb., DM 15,20

HEFT 303
Prof. Dr. Ing. S. Kiesskalt, Aachen
Das Institut der Forschungsgesellschaft Verfahrenstechnik e. V. an der Technischen Hochschule Aachen
1956, 76 Seiten, 20 Abb., 3 Tabellen, DM 16,40

HEFT 304
Prof. Dr.-Ing. K. Krekeler, Düsseldorf, und Dipl.-Ing. A. Kleine-Albers, Aachen
Beitrag zur thermoelastischen Warmformbarkeit von Hart-PVC
1957, 72 Seiten, 29 Abb., DM 17,70

HEFT 305
Prof. Dr.-Ing. K. Krekeler, Düsseldorf, Dr.-Ing. H. Peukert, Aachen, und Dipl.-Ing. W. Schmitz, Siegburg
Heißgas-Schweißung von Hart-Polyvinylchlorid mit Zusatzwerkstoff
1956, 44 Seiten, 27 Abb., 5 Tabellen, DM 12,50

HEFT 306
Prof. Dr. B. Rensch, Münster
Elektrophysiologische Untersuchungen zur Analysierung der Bildung von Assoziationen und Gedächtnisspuren in Gehirn und Rückenmark
Prof. Dr. A. Loeser, Münster
Akute und chronische Giftwirkungen sauerstoffhaltiger Lösungsmittel
1956, 36 Seiten, 9 Abb., DM 8,90

HEFT 307
Privatdozent Dr. J. Juilfs, Krefeld
Vergleichende Untersuchungen zur elastischen und bleibenden Dehnung von Fasern
1956, 36 Seiten, 11 Abb., DM 8,30

HEFT 308
Privatdozent Dr. J. Juilfs, Krefeld
Zur Messung der Fadenglätte
1956, 22 Seiten, 10 Abb., 2 Tabellen, DM 8,—

HEFT 309
Prof. Dr. K. Cruse und Mitarbeiter, Clausthal-Zellerfeld
Aufbau und Arbeitsweise eines universell verwendbaren Hochfrequenz-Titrationsgerätes
1957, 48 Seiten, 29 Abb., DM 11,90

HEFT 310
Dr. P. F. Müller, Bonn
Die Integrieranlage des Rheinisch-Westfälischen Instituts für Instrumentelle Mathematik in Bonn
1956, 62 Seiten, 6 Abb., 30 Satzskizzen, DM 14,45

HEFT 311
Prof. Dr. F. Wever und Dr. M. Hempel, Düsseldorf
Dauerschwingfestigkeit von Stählen bei erhöhten Temperaturen
Teil I: Erkenntnisse aus bisherigen Dauerschwingversuchen in der Wärme
1956, 48 Seiten, 19 Abb., DM 10,90

HEFT 312
Prof. Dr. F. Wever und Dr. M. Hempel, Düsseldorf
Dauerschwingfestigkeit von Stählen bei erhöhten Temperaturen
Teil II: Zug-Druck-Dauerschwingversuche an zwei warmfesten Stählen bei Temperaturen von 500 bis 650°
1956, 48 Seiten, 20 Abb., 3 Tabellen, DM 13,—

WESTDEUTSCHER VERLAG · KÖLN UND OPLADEN

HEFT 313
*Prof. Dr. F. Wever, Dr. W. Koch und
Dipl.-Phys. H. Rohde, Düsseldorf*
Änderungen des Babitus und der Gitterkonstanten des Zementits in Chromstählen bei verschiedenen Wärmebehandlungen
1956, 88 Seiten, 29 Abb., 8 Tabellen, DM 20,90

HEFT 314
Prof. Dr. F. Wever, Dr.-Ing. A. Krisch, Düsseldorf, und Dr.-Ing. H.-J. Wiester, Essen
Veränderungen im Gefügeaufbau von Chrom-Nickel-Molybdän-Stählen bei langzeitiger Beanspruchung im Zeitstandversuch bei 500°
1956, 48 Seiten, 26 Abb., 5 Tabellen, DM 11,70

HEFT 315
Prof. Dr. F. Wever und Dr.-Ing. A. Krisch, Düsseldorf
Metallkundliche Untersuchungen an Zeitstandproben
1956, 38 Seiten, 12 Abb., DM 9,15

HEFT 316
Dr. F. Keune, Aachen
Zusammenfassende Darstellung und Erweiterung des Aequivalenzsatzes für schallnahe Strömung
1956, 80 Seiten, 22 Abb., DM 17,90

HEFT 317
Dr.-Ing. J. Stelter, Aachen
Mikrobiologische Ultraschallwirkungen
1957, 106 Seiten, 41 Abb., 12 Tab., DM 23,90

HEFT 318
Dipl.-Ing. H. Kickert, Aachen
Über die Ausbreitung von Ultraschall in Luft
1957, 78 Seiten, 51 Abb., 7 Tab., DM 19,20

HEFT 319
Prof. Dr. C. Kröger, Aachen
Gemengereaktionen und Glasschmelze
1957, 118 Seiten, 53 Abb., 16 Tab., DM 26,—

HEFT 320
Dr. H.-E. Caspary, Köln
Verwendung von Szintillationszählern an Stelle von Zählrohren zur zerstörungsfreien Materialprüfung
1956, 42 Seiten, 13 Abb., 2 Tabellen, DM 10,10

HEFT 321
Prof. Dr. F. Wever, Düsseldorf, und Dr. W. Wepner, Köln
Gleichzeitige Bestimmung kleiner Kohlenstoff- und Stickstoffgehalte im a-Eisen durch Dämpfungsmessung
1956, 30 Seiten, 3 Abb., 4 Tabellen, DM 6,80

HEFT 322
Prof. Dr.-Ing. F. Bollenrath und Dipl.-Ing. W. Domke, Aachen
Eigenspannungen in vergüteten, dickwandigen Stahlzylindern nach Oberflächenhärtung mit induktiver Erwärmung
1956, 30 Seiten, 9 Abb., 2 Tabellen, DM 6,90

HEFT 323
Prof. Dr. R. Seyffert, Köln
Wege und Kosten der Distribution der Textilien, Schuh- und Lederwaren
1956, 98 Seiten, 37 Tabellen, 1 Falttaf., DM 12,—

HEFT 324
Prof. Dr.-Ing. H. Opitz, Dr.-Ing. E. Saljé und Dipl.-Ing. K. E. Schwartz, Aachen
Richtwerte für das Außenrund-Längs- und Einstechschleifen
1956, 62 Seiten, 44 Abb., 2 Tabellen, DM 13,85

HEFT 325
Prof. Dr. E. Schratz, Münster
Pharmakognostische Untersuchungen am Medizinal-Rhabarber
1957, 62 Seiten, 29 Abb., 3 Tabellen, DM 17,90

HEFT 326
Prof. Dr.-Ing. E. Essers und Mitarbeiter, Aachen
Deichselkräfte an Lastzügen
in Vorbereitung

HEFT 327
Prof. Dr.-Ing. habil. K. Krekeler und Dr.-Ing. H. Peukert, Aachen
Beitrag zur thermoelastischen Formbarkeit von Polyäthylen
1956, 56 Seiten, 49 Abb, 9 Tabellen, DM 12,80

HEFT 328
Dr. H. Maeder, Belo Horizonte
Schweißen von Temperguß
in Vorbereitung

HEFT 329
Dipl.-Ing. A. Krüger, Karlsruhe, und Feuerwehr-Ing. R. Radusch, Dortmund
Wasserzerstäubung im Strahlrohr
1956, 86 Seiten, 21 Abb., 3 Tabellen, DM 18,65

HEFT 330
Dipl.-Physiker E. Pepping, Aachen
Die Durchflußzahl des Rechteckschlitzes in einer sehr großen Wand
1957, 54 Seiten, 21 Abb., DM 12,35

HEFT 331
Dipl.-Ing. G. Bretschneider, Ruit
Die Messung der wiederkehrenden Spannung mit Hilfe des Netzmodelles
1957, 46 Seiten, 21 Abb., 2 Tab., DM 11,20

HEFT 332
Prof. Dr.-Ing. R. Jaeckel und Dr. G. Reich, Bonn
Messung von Dampfdrucken im Gebiet unter 10^{-2} Torr
1956, 42 Seiten, 16 Abb., 2 Tabellen, DM 10,40

HEFT 333
Prof. Dipl.-Ing. W. Sturtzel und Dr.-Ing. W. Graff, Duisburg
I. Der Flachwassereinfluß auf den Form- und Reibungswiderstand von Binnenschiffen
II. Der Flachwassereinfluß auf die Nachstrom- und Sogverhältnisse bei Binnenschiffen
1956, 44 Seiten, 14 Abb., DM 9,80

HEFT 334
Prof. Dr. W. Weizel und Dr. G. Meister, Bonn
Spektralanalyse durch Messung des Interferenz-Kontrastes
1956, 42 Seiten, DM 9,80

HEFT 335
Prof. Dr. W. Weizel und H. Hornberg, Bonn
Untersuchungen der anodischen Teile einer Glimmentladung
1957, 62 Seiten, 14 Farbabb., 21 Abb., 1 Tab., DM 32,80

HEFT 336
Dr. Tung-ping Yao, Aachen
Die Viskosität metallischer Schmelzen
1957, 64 Seiten, 28 Abb., 2 Tab., DM 14,40

HEFT 337
Dr. R. Hoeppener und Dr. W. Bierther, Bonn
Tektonik und Lagestätten im Rheinischen Schiefergebirge
1957, 66 Seiten, 14 Abb., DM 16,25

HEFT 338
Prof. Dr.-Ing. W. Wegener, Aachen, und Dipl.-Ing. J. Schneider, M.-Gladbach
Die Bedeutung der Knotenart für die Herabminderung der Fadenbrüche
1957, 40 Seiten, 6 Abb., DM 11,90

HEFT 339
Prof. Dr.-Ing. W. Wegener und Dipl.-Ing. W. Zahn, Aachen
Vergleich des normalen mit verschiedenen abgekürzten Baumwollspinnverfahren in bezug auf Gleichmäßigkeit und Sortierungsstreuung der Garne
1956, 56 Seiten, 17 Abb., 17 Tabellen, DM 12,70

HEFT 340
Dipl.-Ing. W. Rohs und Dipl.-Ing. R. Otto, Bielefeld
Das Naßspinnen von Bastfasergarnen mit Spinnbadzusätzen unter Ausnutzung einer zentralen Spinnwasserversorgungsanlage
1956, 56 Seiten, 2 Abb., 6 Tabellen, DM 11,60

HEFT 341
Prof. Dr.-Ing. H. Winterhager und Dipl.-Ing. L. Werner, Aachen
Präzisions-Meßverfahren zur Bestimmung des elektrischen Leitvermögens geschmolzener Salze
1956, 44 Seiten, 19 Abb., 1 Tabelle, DM 10,60

HEFT 342
Prof. Dr.-Ing. H. Winterhager und Dipl.-Ing. W. Barthel, Aachen
Die Gewinnung von Titanschlackenkonzentraten aus eisenreichen Ilmeniten
1957, 60 Seiten, 30 Abb., 6 Tab., DM 13,30

HEFT 343
Prof. Dr.-Ing. W. Petersen, Aachen, und Dipl.-Ing. S. Wawroschek, Aachen
Die zweckmäßigsten Gütebestimmungsverfahren und Brikettierungsbedingungen bei der Erzeugung von Braunkohlen-Eisenerz-Briketts
1956, 64 Seiten, 28 Abb., DM 13,95

HEFT 344
Prof. Dr.-Ing. W. Fucks, Aachen
Zur Deutung einfachster mathematischer Sprachcharakteristiken
1956, 38 Seiten, 12 Abb., DM 7,80

HEFT 345
Dipl.-Ing. G. Cerbe und Dipl.-Ing. H. Monstadt, Essen
Konvektive Trocknung mit gasbeheizter Luft und Trocknung durch Gasstrahler
1957, 46 Seiten, 16 Abb., DM 10,40

HEFT 346
Dipl.-Ing. O. Arnold, Aachen
Erfahrungen mit Kernbohrungen zur Lagerstättenuntersuchung im Erzbergbau
1957, 36 Seiten, 2 Abb., 3 Falttaf. 6 Tab., DM 8,80

HEFT 347
S. Ruff, F. Kipp, H. Hansteen und G. Müller, Bonn
Untersuchungen zur Frage der Gehörschädigungen des fliegenden Personals der Propellerflugzeuge
1957, 50 Seiten, 27 Abb., 3 Tab., DM 11,10

HEFT 348
Prof. Dr.-Ing. E. Piwowarsky und Dr.-Ing. E. G. Nickel, Aachen
Metallurgie eines hochwertigen Gußeisens mit kompakter bis kugelförmiger Graphitausbildung
1957, 54 Seiten, 27 Abb., 5 Tab., DM 13,30

HEFT 349
Dr.-Ing. W. A. Fischer, Dr.-Ing. H. Treppschuh und Dr.-Ing. K. H. Köthemann, Düsseldorf
Tiegel aus Schmelzmagnesia für Vakuuminduktionsöfen
1957, 34 Seiten, 14 Abb. DM 8,40

HEFT 350
Prof. Dr.-Ing. habil. K. Krekeler und Dr.-Ing. H. Peukert, Aachen
Das Spannungsverhalten der Kunststoffe bei der Verarbeitung
in Vorbereitung

HEFT 351
Prof. Dr.-Ing. H. Opitz, Dipl.-Ing. H. Axer und Dipl.-Ing. H. Rhode, Aachen
Zerspanbarkeit hochwarmfester und nichtrostender Stähle. Teil I
1957, 96 Seiten, 73 Abb., 2 Tab., DM 21,80

HEFT 352
Dipl.-Ing. H. Fauser, Aachen
Fahrdynamik und Batterie-Arbeitsverbrauch von Akkumulatorenlokomotiven im Untertagebetrieb
in Vorbereitung

HEFT 353
Forschungsinstitut für Rationalisierung, Aachen
Schlagwortregister zur Rationalisierung
1957, 376 S., DM

HEFT 354
Dipl.-Ing. D. Wagener, Aachen
Auswirkungen neuer Gaserzeugungs-Verfahren unter Berücksichtigung der Auswirkung auf den Kokereibetrieb
in Vorbereitung

HEFT 355
Prof. Dr.-Ing. habil. K. Krekeler, Dr.-Ing. H. Peukert und Dipl.-Ing. A. Kleine-Albers, Aachen
Heißgas-Schweißungen von Weich-Polyvinylchlorid mit Zusatzwerkstoff
in Vorbereitung

HEFT 356
Dipl.-Phys. G. Gurke, Aachen
Aufbau einer Meßanlage für Untersuchungen elektrischer Gasentladung im Bereiche großer p. d.-Werte
1956, 38 Seiten, 13 Abb., DM 8,65

HEFT 357
Prof. Dr.-Ing. W. Fucks, Aachen
Mathematische Analyse der Formalstruktur von Musik
in Vorbereitung

HEFT 358
Prof. Dr. rer. nat. W. Weltzien, Dipl.-Chem. P. Ringel und Text.-Ing. H. Kirchhoff, Krefeld
Die Waschechtheit von Färbungen. Vergleichende Untersuchungen auf dem Gebiete der Echtheitsprüfung
in Vorbereitung

HEFT 359
Dr.-Ing. F. J. Meister, Düsseldorf
Veränderung der Hörschärfe, Lautheitsempfindung und Sprachaufnahme während des Arbeitsprozesses bei Lärmarbeitern
1957, 84 Seiten, 11 Abb., 1 Tab., 40 Audiogramme, 40 Tab., DM 19,90

HEFT 360
Dr.-Ing. E. Barz, Remscheid
Fertigungsverfahren und Spannungsverlauf bei Kreissägeblättern für Holz
1957, 72 Seiten, 40 Abb., DM 17,—

HEFT 361
Dipl.-Ing. H. F. Klein, Aachen
Die nichtstationären Strömungsvorgänge und der Wärmeübergang in einem Schwingfeuergerät
1957, 84 Seiten, 34 Abb., 4 Falttafeln, DM 25,90

HEFT 362
Prof. Dr. med. G. Lehmann und Dipl.-Phys. D. Dieckmann, Dortmund
Die Wirkung mechanischer Schwingungen (0,5 bis 100 Hertz) auf den Menschen
1957, 100 Seiten, 53 Abb., 6 Tab., DM 22,50

WESTDEUTSCHER VERLAG · KÖLN UND OPLADEN

HEFT 363
Dr.-Ing. U. Domm, Frankenthal (Pfalz)
Über eine Hypothese, die den Mechanismus der Turbulenz-Entstehung betrifft
1956, 28 Seiten, 4 Abb., DM 6,45

HEFT 364
Prof. Dr. Th. Beste, Köln
Die Mehrkosten bei der Herstellung ungängiger Erzeugnisse im Vergleich zur Herstellung vereinheitlichter Erzeugnisse
1957, 352 Seiten, DM 50,—

HEFT 365
Sozialforschungsstelle an der Universität Münster, Dortmund
Standort und Wohnort
1957, Textband: 350 Seiten, 28 Karten, 73 Tab.
Anlageband: 15 Karten, 21 Tab., DM 99,—

HEFT 366
Versuchsanstalt für Binnenschiffbau e. V., Duisburg
Bei Flachwasserfahrten durch die Strömungsverteilung am Boden und an den Seiten stattfindende Beeinflussung des Reibungswiderstandes von Schiffen
1957, 96 Seiten, 39 Abb., 28 Tab., DM 20,40

HEFT 367
Dr. rer. nat. D. Horstmann, Düsseldorf
Der Angriff eisengesättigter Zinkschmelzen auf kohlenstoff-, schwefel- und phosphorhaltiges Eisen
1957, 52 Seiten, 22 Abb., 6 Tab., DM 12,85

HEFT 368
Prof. Dr. phil. H. Kaiser, Dortmund
Entwicklung betriebsmäßiger spektrochemischer Analysenverfahren für technische Gläser
1957, 40 Seiten, 11 Abb., DM 9,10

HEFT 369
Prof. Dr.-Ing. R. Jaeckel und Dipl.-Phys. F. J. Schittko, Bonn
Gasabgabe von Werkstoffen ins Vakuum
1957, 48 Seiten, 20 Abb., 6 Tab., DM 13,30

HEFT 370
Dr. phil. habil. F. Schwarz, Köln
Physikochemische Grundlagen der Bildsamkeit von Kalken unter Einbeziehung des Begriffes der aktiven Oberfläche
in Vorbereitung

HEFT 371
Dr. phil. W. Lejeune, Köln
Beitrag zur statistischen Verifikation der Minderheiten-Theorie
in Vorbereitung

HEFT 372
Prof. Dr. phil. M. von Stackelberg, Bonn
Untersuchungen zur Ausarbeitung und Verbesserung von polarographischen Analysenmethoden. 2. Bericht
1957, 44 Seiten, 9 Abb., 7 Tab., DM 10,10

HEFT 373
Dipl.-Ing. H. J. Koch, Essen
Druckgasfeuerung — ein Verfahren zum Betrieb von Gasfeuerstätten
1957, 38 Seiten, 8 Abb., 10 Tab., DM 8,50

HEFT 374
Dr. E. Paproth, Krefeld
Paläontologische Bearbeitung der in den devonischen Schichten des Siegerlandes enthaltenen Faunen
1957, 38 Seiten, 3 Tab., DM 8,30

HEFT 375
Technischer Überwachungsverein e. V., Essen
Wanddickenmessungen mittels radioaktiver Strahlen und Zählrohrgerät
in Vorbereitung

HEFT 376
Technischer Überwachungsverein e. V., Essen
Wasserumlaufprobleme an Hochdruckkesseln
in Vorbereitung

HEFT 377
Technischer Überwachungsverein e. V., Essen
Versuche an Wanderrostkesseln mit befeuchteter Verbrennungsluft
in Vorbereitung

HEFT 378
Oberingenieur H. Stein, M.-Gladbach
Beobachtung und maßtechnische Erfassung der Vorgänge im Spinn- und Aufwindfeld von Ringspinn- und Ringzwirnmaschinen
in Vorbereitung

HEFT 379
Laboratorium für textile Meßtechnik, M.-Gladbach
Schußfadenspannung beim Weben
in Vorbereitung

HEFT 380
Dipl.-Phys. R. Trappenberg, Karlsruhe
Theoretische und experimentelle Untersuchungen zur Staubverteilung einer Rauchfahne
in Vorbereitung

HEFT 381
Dr. J. Juilfs, Krefeld
Zur Dichtebestimmung von Fasern. Methoden und Beispiele der praktischen Anwendung
in Vorbereitung

HEFT 382
Dr. phil. habil. P. Hölemann, Ing. R. Hasselmann und Ing. G. Dix, Dortmund
Die Messung von Flammen und Detonationsgeschwindigkeiten bei der explosiven Zersetzung von Acetylen in Rohren
1957, 36 Seiten, 7 Abb., 4 Tab., DM 8,10

HEFT 383
Dr. phil. habil. P. Hölemann und Ing. R. Hasselmann, Dortmund
Verlauf von Azetylenexplosionen in Rohren bei Gegenwart von porösen Massen
in Vorbereitung

HEFT 384
Prof. Dr.-Ing. H. Opitz, Aachen
Schwingungsuntersuchungen an Werkzeugmaschinen
in Vorbereitung

HEFT 385
Prof. Dr.-Ing. H. Opitz, Aachen
Zerspanbarkeit hochwarmfester und nichtrostender Stähle. Teil II
in Vorbereitung

HEFT 386
Prof. Dr.-Ing. H. Opitz, Aachen
Standzeituntersuchungen und Verschleißmessungen mit radioaktiven Isotopen
in Vorbereitung

HEFT 387
Prof. Dr. med. W. Kikuth und Dozent Dr. med. L. Grün, Düsseldorf
Die Verhütung von Infektion durch Desinfektion des Raumes und der Raumluft
in Vorbereitung

HEFT 388
Prof. Dr. rer. nat. habil. W. Baumeister und Dr. rer. nat. H. Burghardt, Münster
Die Bedeutung der Elemente Zink und Fluor für das Pflanzenwachstum
1957, 48 Seiten, 17 Tab. DM 10,20

HEFT 389
Prof. Dr.-Ing. habil. H. Fink und K. W. Hoppenhaus, Köln
Die biologische Eiweiß-Synthese von höheren und niederen Pilzen und die alimentäre Lebernekrose der Ratte
1957, 76 Seiten, 2 Abb., 24 Tab., DM 15,60

HEFT 390
Dr.-Ing. J. Endres und Dr.-Ing. G. Hiebel, München
Berechnung der optimalen Leistungen, Kraftstoffverbräuche und Wirkungsgrade von Luftfahrt-Gasturbinen-Triebwerken am Boden und in der Höhe bei Fluggeschwindigkeiten von 0—2000 km/h und bei vorgegebenen Düsenausströmgeschwindigkeiten
in Vorbereitung

HEFT 391
Prof. Dr. phil. F. Wever, Dr. phil. W. Koch und Dipl.-Ing. Dr. phil. F. Stricker, Düsseldorf
Die quantitative spektrographische Analyse von Gasgemischen aus Kohlenmonoxyd, Wasserstoff und Stickstoff
in Vorbereitung

HEFT 392
Prof. Dr. phil. F. Wever u. a., Düsseldorf
Untersuchungen über den Konverterrauch im Hinblick auf die spektrale Überwachung des Thomasprozesses
in Vorbereitung

HEFT 393
Dr.-Ing. O. Viertel und S. Brückner-Lucas, Krefeld
Arbeitszeitstudien an Haushaltwaschmaschinen
in Vorbereitung

HEFT 394
Privatdozent Dr. med. W. Koch, Münster
Die Ablagerung radioaktiver Substanzen im Knochen
in Vorbereitung

HEFT 395
Dipl.-Ing. L. Hahn, Clausthal-Zellerfeld
Untersuchungen zur Frage des optimalen Bohrloch- und Patronendurchmessers
in Vorbereitung

HEFT 396
Prof. Dr.-Ing. F. Schultz-Grunow, Dr.-Ing. A. Jogerich, Essen, Dipl.-Ing. H. Meyer, cand. ing. P. Sand, Aachen
Untersuchungen des Luftwiderstandes von Güterwagen
in Vorbereitung

HEFT 397
Techn.-Wissenschaftliches Büro für die Bastfaserindustrie, Bielefeld
Ungleichmäßigkeiten in Bändern von Bastfaserkarden, ihre Ursachen und Auswirkungen
1957, 60 Seiten, 18 Abb., 1 Tab., DM 14,80

HEFT 398
Prof. Dr. habil. H. E. Schwiete, Aachen, u. a.
Einlagerungsversuche an synthetischem Mullit I. — Die Zusammensetzung der Schmelzphase in Schamottesteinen I
in Vorbereitung

HEFT 399
Prof. Dr. habil. H. E. Schwiete und Dr.-Ing. R. Vinkeloe, Aachen
Möglichkeiten der quantitativen Mineralanalyse mit dem Zählrohrgerät unter besonderer Berücksichtigung der Mineralgehaltsbestimmung von Tonen
in Vorbereitung

HEFT 400
Prof. Dr. phil. W. Fuchs und Dipl.-Chem. H. Weyerstrass, Aachen
Entwicklung eines Heißfilters zur Reinigung von Gichtgas eines mit Kohle betriebenen Niederschachtofens
in Vorbereitung

HEFT 401
Prof. Dr.-Ing. M. Lipp und Dipl.-Chem. G. Frielingsdorf, Aachen
Darstellung reaktionsfähiger Verbindungen des Camphansystems und Versuche zu deren Fluorierung
1957, 84 Seiten, DM 17,—

HEFT 402
Prof. Dr. W. Linke, Aachen
Die Wärmeübertragung durch Thermopane-Fenster
in Vorbereitung

HEFT 403
Prof. Dr.-Ing. P. Denzel und Dipl.-Ing. W. Cremer Aachen
Verbesserung der Benutzungsdauer der Höchstlast in ländlichen Netzen durch Anwendung elektrischer Geräte in der Landwirtschaft
in Vorbereitung

HEFT 404
Prof. Dr. R. Jaeckel und Dipl.-Phys. F. Gross, Bonn
Die Löslichkeit von Gasen in schwerflüchtigen organischen Flüssigkeiten
1957, 46 Seiten, 17 Abb., 1 Tab., DM 11,50

HEFT 405
Prof. Dr.-Ing. H. Opitz und Dipl.-Ing. H. Schuler, Aachen
Untersuchungen für einen Wirtschaftlichkeitsvergleich der Feinbearbeitungsverfahren
in Vorbereitung

HEFT 406
W. Kirsch, Remscheid
Entwicklungsarbeiten auf dem Gebiete des Korrosionsschutzes
1957, 86 Seiten, 28 Abb., 11 Tabellen, DM 19,—

HEFT 407
Prof. Dr.-Ing. H. Schenk, Aachen, und Dr.-Ing. W. Wenzel, Bad Godesberg
Entwicklungsarbeiten auf dem Gebiete der Verhüttung von Erzstaub in Schmelzkammern
1957, 82 Seiten, 9 Abb., 18 Tabellen, DM 17,10

HEFT 408
Prof. Dr. phil. F. Wever, Dr.-Ing. W. Lueg und Dr.-Ing. H. G. Müller, Düsseldorf
Kraft- und Arbeitsbedarf beim Warmscheren von Stahl in Abhängigkeit von Temperatur und Schnittgeschwindigkeit
in Vorbereitung

WESTDEUTSCHER VERLAG · KÖLN UND OPLADEN

HEFT 409
Prof. Dr. phil. F. Wever, Dr. phil. W. Koch, Dr. rer. nat. Ch. Ilschner-Gensch und Dipl.-Phys. H. Rohde, Düsseldorf
Das Auftreten eines kubischen Nitrids in aluminiumlegierten Stählen
1957, 38 Seiten, 12 Abb., 3 Tabellen, DM 10,10

HEFT 410
Prof. Dr. phil. F. Wever, Prof. Dr. rer. techn. A. Kochendörfer, Dr. phil. nat. M. Hempel, Düsseldorf und Dipl.-Phys. E. Hillenhagen, Köln
Biegewechselversuche mit Flachproben aus Alpha-Eisen-Einkristallen zur Bestimmung der Wechselfestigkeit und der Gleitspuren
in Vorbereitung

HEFT 411
Prof. Dr. W. Halbsguth und Dr. L. Sommer, Frankfurt/M.
Grundlegende Versuche zur Keimungsphysiologie von Pilzsporen
in Vorbereitung

HEFT 412
Prof. Dr.-Ing. H. Opitz, Aachen
Kennwerte und Leistungsbedarf für Werkzeugmaschinengetriebe
in Vorbereitung

HEFT 413
Prof. Dr.-Ing. H. Opitz, Aachen
Richtwerte für das Fräsen von unlegierten und legierten Baustählen mit Hartmetall, Teil II
in Vorbereitung

HEFT 414
Dr. med. H. K. Parchwitz und Dr. med. C. Winkler, Bonn
Speicherung organischer Farbstoffe und künstlich radioaktiver Substanzen in Geschwülsten
in Vorbereitung

HEFT 415
Prof. Dr.-Ing. W. Paul, Dr. rer. nat. O. Osberghaus und Dipl.-Phys. E. Fischer, Bonn
Ein Ionenkäfig
in Vorbereitung

HEFT 416
Oberreg.-Gewerberat Dipl.-Ing. G. Steinicke, Hamburg
Die Wirkung von Lärm auf den Schlaf des Menschen
1957, 46 Seiten, 14 Abb., 8 Tab., DM 11,60

HEFT 417
Prof. Dr.-Ing. habil. E. Rößger, Berlin
I. Teil: Die Entwicklung des Weltluftverkehrs, Ergänzungsbericht 1954
II. Teil: Die zivile Luftfahrtpolitik der USA
1957, 230 Seiten, 6 Abb., 83 Tab., DM 48,—

HEFT 418
O. Gdaniec, Mülheim/Ruhr
Über die Randlochkarte als Hilfsmittel in der Dokumentation
1957, 44 Seiten, 15 Abb., 8 Tab., DM 10,10

HEFT 419
K. Brooks
Die Messungen der Reflexionseigenschaften künstlicher und natürlicher Materialien mit quasi-optischen Methoden bei Mikrowellen
in Vorbereitung

HEFT 420
M. Vogel
Das Spektralgebiet zwischen dem langwelligen Ultrarot und Mikrowellen
1957, 66 Seiten, 2 Abb., DM 13,50

HEFT 421
ORR Dipl.-Volkswirt Dr. H. Rogmann, Düsseldorf
Die Erforschung der Verkehrskonjunktur und der langzeitigen Dynamik in der Verkehrswirtschaft (Zusammenfassung der eingegangenen Stellungnahmen und Vorschläge)
1957, 168 Seiten, 3 Tab., DM 26,60

HEFT 422
Prof. Dr.-Ing. K. Leist und Dipl.-Ing. W. Dettmering, Aachen
Prüfstände zur Messung der Druckverteilung an rotierenden Schaufeln
in Vorbereitung

HEFT 423
Prof. Dr.-Ing. K. Leist und Dr.-Ing. O. Thun, Aachen
Strömungsmessungen über Brennkammer-Wirkungsgrade
in Vorbereitung

HEFT 424
Prof. Dr.-Ing. K. Leist und Dipl.-Ing. I. Weber, Aachen
Spannungsoptische Untersuchungen von rotierenden Scheiben mit exzentrischen Bohrungen
in Vorbereitung

HEFT 425
Dipl.-Ing. H. Lübke, Hamburg
Gasturbinen und Strahlantriebe für Hubschrauber
in Vorbereitung

HEFT 426
Prof. Dr.-Ing. H. Opitz und Dipl.-Ing. W. Scholz, Aachen
Untersuchungen über den Räumvorgang
1957, 74 Seiten, 36 Abb., 7 Tab., DM 16,55

HEFT 427
Dr.-Ing. J. Endres, München
Kinematische Untersuchung eines Zweitakt-Hochleistungs-Dieseltriebwerks mit achsparallelen Zylindern und gegenläufigen Kolben
in Vorbereitung

HEFT 428
Dr.-Ing. J. Endres, München
Untersuchungen der Beschleunigungsverhältnisse eines Zweitakt-Hochleistungs-Dieseltriebwerks mit achsparallelen Zylindern und gegenläufigen Kolben
in Vorbereitung

HEFT 429
Prof. Dr. O. Kuhn, Köln
Selektive Wirkung verschiedener Stoffgruppen auf tierische Gewebe
1957, 54 Seiten, 32 Abb., DM 13,15

HEFT 430
Prof. Dr. G. Garbotz, Aachen und Dr.-Ing. G. Dress, Cadiz
Untersuchungen über das Kräftespiel an Flachbagger-Schneidwerkzeugen in Mittelsand und schwach bindigem, sandigem Schluff unter besonderer Berücksichtigung der Planierschilde und ebenen Schürfkübelschneiden
in Vorbereitung

HEFT 431
Prof. Dr.-Ing. H. Winterhager, Dr.-Ing. R. Kammel und Dipl.-Ing. W. Barthel, Aachen
Fortschritte auf dem Gebiet der Titanmetallurgie 1950—1955
in Vorbereitung

HEFT 432
Dipl.-Phys. R. Werz, Bonn
Die Entwicklung einer Synchrozyklotron-Ionenquelle
in Vorbereitung

HEFT 433
Dr.-Ing. G. Satlow, Aachen
Über einige physikalische und chemische Eigenschaften der Wolle von der gewaschenen Wolle bis zum Kammzug
1957, 72 Seiten, 15 Abb., 19 Tab., DM 15,25

HEFT 434
Dipl.-Ing. W. Rohs und Dr. J. Geurten, Bielefeld
Schlichten für Baumwollgarne
in Vorbereitung

HEFT 435
Dipl.-Ing. W. Rohs und Dipl.-Ing. L. Steinmetz, Bielefeld
Die Masseungleichmäßigkeit von Flachstreckenbändern in Abhängigkeit von Verzug und Dopplung
in Vorbereitung

HEFT 436
Priv.-Doz. Dr. habil. J. Juilfs, Krefeld
Zur Bestimmung der Reißlast (Zugfestigkeit) von Fasern, Fäden und Garnen
in Vorbereitung

HEFT 437
Prof. Dr. G. Schmölders und Dr. I. Meyer, Köln
Geldwertbewußtsein und Münzpolitik. — Das sogenannte Gresham'sche Gesetz im Lichte der ökonomischen Verhaltensforschung
1957, 92 Seiten, DM 20,30

HEFT 438
Prof. Dr.-Ing. H. Winterhager und Dr.-Ing. L. Werner, Aachen
Bestimmung des elektrischen Leitvermögens geschmolzener Fluoride
1957, 52 Seiten, 18 Abb., 10 Tab., DM 11,90

HEFT 439
Prof. Dr. phil. H. Lange, Köln und Dr. rer. nat. R. Kohlhaas, Neuß/Rh.
Anwendung der thermomagnetischen Analyse zum Studium des Umwandlungsverhaltens von Eisenwerkstoffen im Temperaturbereich von —150° C bis +150°C
in Vorbereitung

HEFT 440
Dr.-Ing. H. Wolf, Aachen
Gekoppelte Hochfrequenzleitungen als Richtkoppler
in Vorbereitung

HEFT 441
Dr. phil. habil. P. Hölemann und Ing. R. Hasselmann, Düsseldorf
Messung des Temperatur- und Druckverlaufes beim Füllen und Entspannen von Dissousgas
1957, 52 Seiten, 6 Abb., 7 Tab., DM 11,25

HEFT 442
Dipl.-Ing. W. Rohs, Text.-Ing. Griese und Text.-Ing. W. Lauer, Bielefeld
Die Auswirkungen der Trocknungsart naßgesponnener Leinengarne auf deren Verarbeitungswirkungsgrad sowie auf die Festigkeits- und Dehnungseigenschaften der Garne und Gewebe
1957, 28 Seiten, 2 Abb., 3 Tab., DM 6,50

HEFT 443
Prof. Dr. phil. W. Weizel und K. Kluth, Bonn
Über die Struktur der positiven Gleitentladungen
in Vorbereitung

HEFT 444
Dr.-Ing. W. Wilhelm, Aachen
Einfluß der Saugrohrabmessung, der Einlaßsteuerlage und der Größe des Kurbelkastenvolumens auf den Ladungswechsel eines Einzylinder-Zweitakt-Dieselmotors
in Vorbereitung

HEFT 445
Dr.-Ing. E. Barz, Remscheid
Fertigungs- und Prüfverfahren für Feilen
vergriffen

HEFT 446
Dr. med. G. Schäfer
Glutationsstoffwechsel und Sauerstoffmangel
1957, 28 Seiten, 5 Tab., DM 6,40

HEFT 447
Prof. Dr.-Ing. F. Bollenrath, Aachen, Dr.-Ing. H. Füllenbach, Seesen/Harz und Dipl.-Ing. J. Schumacher, Neubeckum/Westf.
Entwicklung rationell arbeitender Spritzkabinen
in Vorbereitung

HEFT 448
Dr. med. C. Winkler, Bonn
Ein Koinzidenz-Szintillometer zum Zwecke der Schilddrüsenfunktionsdiagnostik und der Tumordiagnostik
in Vorbereitung

HEFT 449
Priv.-Doz. Oberbaurat Dr.-Ing. W. Meyer zur Capellen und Mitarbeiter, Aachen
Bewegungsverhältnisse an der geschränkten Schubkurbel
in Vorbereitung

HEFT 450
Prof. Dr.-Ing. W. Paul, Bonn und Dipl.-Phys. H. P. Reinhard, M. Gladbach
Das elektrische Massenfilter als Isotopentrenner
in Vorbereitung

HEFT 451
Prof. Dr. G. Schmölders, Köln
Rationalisierung und Steuersystem
in Vorbereitung

HEFT 452
Prof. Dr. rer. nat. W. Weltzien und Dr. phil. K. Windeck, Krefeld
Veränderungen an Fasern bei der Bleiche mit Natriumchlorid und über einige Vergilbungserscheinungen
in Vorbereitung

HEFT 453
Forschungsinstitut der Feuerfest-Industrie, Bonn
Die Arbeiten der technisch-wissenschaftlichen Kommission der PRE (Vereinigung der europäischen Feuerfest-Industrie)
in Vorbereitung

HEFT 454
Dr.-Ing. W. Piepenburg, Dipl.-Ing. B. Bühling und Bauing. J. Behnke, Köln
Haftfestigkeit der Putzmörtel
in Vorbereitung

WESTDEUTSCHER VERLAG · KÖLN UND OPLADEN

If you have any concerns about our products,
you can contact us on
ProductSafety@springernature.com

In case Publisher is established outside the EU,
the EU authorized representative is:
**Springer Nature Customer Service Center GmbH
Europaplatz 3, 69115 Heidelberg, Germany**

Printed by Libri Plureos GmbH
in Hamburg, Germany